普通高等教育智能制造系列教材

工业机器人协作应用基础

主　编　杨　振　艾益民
副主编　张　敏　李海英

U0347300

北京理工大学出版社
BEIJING INSTITUTE OF TECHNOLOGY PRESS

内 容 简 介

本书以“无序抓取”这一典型工业机器人协作化应用为主线展开论述，介绍了基于几何信息的API的机器人编程方式、以COBOTSYS SDK为例介绍了基于传感器信息的机器人SDK编程方式，还介绍了基于机器学习的工业机器人应用，这些编程和应用的方式都区别于传统方式。本书论述了工业机器人协作化应用的理论基础，包括机器人位姿、3D视觉传感器、计算机视觉技术、手眼标定技术、人机协作以及协作机器人等方面的内容。此外，本书还介绍了工业机器人协作应用所处的时代背景，从三个方面观察、分析了智能制造。

图书在版编目（CIP）数据

工业机器人协作应用基础 / 杨振，艾益民主编. —北京：北京理工大学出版社，2020.5
ISBN 978-7-5682-8412-7

Ⅰ. ①工…　Ⅱ. ①杨…　②艾…　Ⅲ. ①工业机器人-高等学校-教材　Ⅳ. ①TP242.2

中国版本图书馆CIP数据核字（2020）第073166号

出版发行 / 北京理工大学出版社有限责任公司
社　　址 / 北京市海淀区中关村南大街5号
邮　　编 / 100081
电　　话 / （010）68914775（总编室）
（010）82562903（教材售后服务热线）
（010）68948351（其他图书服务热线）
网　　址 / http：//www.bitpress.com.cn
经　　销 / 全国各地新华书店
印　　刷 / 三河市天利华印刷装订有限公司
开　　本 / 787毫米×1092毫米　1/16
印　　张 / 9.25
字　　数 / 218千字
版　　次 / 2020年5月第1版　2020年5月第1次印刷
定　　价 / 32.00元

责任编辑 / 李　薇
文案编辑 / 赵　轩
责任校对 / 刘亚男
责任印制 / 李志强

前　言

在制造领域智能制造中，工业机器人参与生产制造的过程应分为三个阶段：系统自动化、设备智能化和人机任务协作化。任务协作意味着设备之间、设备和所处环境之间、设备和人之间可以进行交互、协商、分析、判断和分工，高效率地完成预设的工作任务。协作的另一个很重要的原因是可以“人尽其才、物尽其用”，发挥各自优势，人和机器的优势各不相同，也不好替代，应该各自发挥。所以，设备智能化是任务协作化的基础和前提，协作化是智能化发展到一定程度的必然结果。从所使用机器人本体的形式上，协作反应用的设备本体并不专指目前出现的协作机器人，可以是在传统工业机器人的协作。

本书主要探讨工业机器人的任务协作化应用。工业机器人协作应用的背景是智能制造，可以从三个维度观察智能制造，即人工智能+制造、工业大数据+制造和信息-物理系统（CPS）。

目前工业机器人所处的时代背景已经发生改变，工作任务也随之变化。智能时代下的工业机器人就是要走出工厂、走进生活，实现“机器人+”。具体表现为从结构化环境走向半结构化或非结构化环境应用，从基于几何信息走向基于传感的半结构化应用，再走向基于学习的非结构化应用。同时，工业机器人协作化要求机器人具有工具属性，使机器人像工具一样在手边随调随用，按工作者的想法，协作和辅助工作，这种工具还要有一定的自主能力，可以将任务放心托付给机器人。另外，工业机器人协作化的前提是设备智能化，主要体现在以下几个方面：

基于视觉的设备自主工作能力；任务级的开发模式；基于 API 的编程方式，一次编程，重复使用；拖动示教是任务协作化应用的示教方式。

毋庸置疑，机器人是智能时代生产的主力军，辅助执行、无序抓取等应用都可以被视为工业机器人任务协作化应用的范畴，本书以此为主线来展开，具体内容涉及机器人位姿、3D 视觉传感器、计算机视觉技术、手眼标定技术、人机协作、协作机器人等方面，也包括工业机器人的开发理念、开发方法和开发环境。首先，本书介绍了 API 的编程方式及其应用；其次，介绍了 COBOTSYS 机器人操作系统的特点，这涉及先进的开发理念，有助于理解什么是基于任务的机器人开发；然后，介绍了亚马逊抓取挑战赛，内容涉及机器人视觉、深度学习；最后，介绍了一种典型的协作应用实施案例，即辅助拆装拧螺丝的解决方案。

对智能制造的理解不能仅仅停留在如何应用人工智能技术于生产过程之中，我们身处的商业环境和全球生产协作格局已经发生了改变。电商的崛起，人们消费习惯的改变，新零售思维的提出，从紧缺经济到消费经济，从大规模生产到以客户为中心的用户体验个性化制造，都对智能制造和机器人应用提出新的要求，赋予其新的内涵。这些背景和现状给智能时代下的工业机器人走出工厂、走进生活提供了更多的应用场景。所以，这些都是思考“工业机器人任务协作化是什么？能带来什么？能做什么？”的意义所在。

本书能够为中小企业人才培养提供一定的指导。目前，部分小企业在产品生产过程中和市场行为中缺乏精品思维和用户体验思维，求快不求新，求结果不求过程，求节省不求品质，造成作坊式生产、快速生产和夸大宣传等现象，导致企业缺乏规划和积淀，缺乏发展后劲。上述背景给机器人的发展带来了机遇，而学生作为企业发展的重要资源，作为企业发展的新生力量，在学校就必须建立起这些产品思维、市场意识和工程思想，这也是本书的写作出发点。

本书是辽宁科技大学校企合作立项教材，同时在教育部产学合作、协同育人项目的支撑下，其内容得以不断完善和补充。本书在写作过程中得到了武汉库柏特科技有限公司创始人、瑞士洛桑理工理学博士李淼和武汉库柏特学院院长张敏的大力支持，并在其核心产品——机器人操作系统 COBOTSYS 的启发下，形成了本书关于智能时代下的工业机器人的主要观点。同时，本书参考了大量公开出版的经典教材、专著、产品用户手册、论文、白皮书和专题报告等资料，在此一并对这些作品的作者表示感谢。

书中疏漏不妥之处，恳请读者批评指正。

编　者

2019 年 12 月

目 录

第 1 章　制造业的现状 …………………………………………………… (1)
1.1　制造业的背景 ……………………………………………………… (1)
1.2　制造业的战略意义和现状 ………………………………………… (1)
1.3　各国制造业的布局现状 …………………………………………… (3)
第 2 章　智能制造 ………………………………………………………… (6)
2.1　智能制造定义 ……………………………………………………… (6)
2.2　智能制造的内涵 …………………………………………………… (7)
2.2.1　从制造层面上理解 …………………………………………… (7)
2.2.2　从产品生命周期层面上理解 ………………………………… (7)
2.3　智能制造系统架构 ………………………………………………… (8)
2.3.1　生命周期 ……………………………………………………… (8)
2.3.2　系统层级 ……………………………………………………… (9)
2.3.3　智能特征 ……………………………………………………… (9)
第 3 章　工业人工智能技术 ……………………………………………… (11)
3.1　人工智能技术 ……………………………………………………… (11)
3.2　人工智能技术的核心算法 ………………………………………… (12)
3.2.1　人工智能技术应用层次结构 ………………………………… (12)
3.2.2　核心算法：机器学习 ………………………………………… (13)
3.2.3　核心算法：深度学习 ………………………………………… (13)
3.3　工业人工智能的由来 ……………………………………………… (14)
3.4　工业人工智能的方法 ……………………………………………… (14)
3.5　工业人工智能的功能 ……………………………………………… (15)
3.6　工业人工智能的意义 ……………………………………………… (15)
3.6.1　隐性的问题显性化 …………………………………………… (16)
3.6.2　从数据中形成知识 …………………………………………… (16)
3.6.3　知识的积累、传承和规模化应用 …………………………… (16)

3.7 智能制造的应用 …… (17)
第4章 信息–物理系统（CPS） …… (18)
4.1 CPS的产生背景 …… (18)
4.2 CPS …… (19)
4.2.1 CPS产生 …… (19)
4.2.2 复杂系统的特点 …… (19)
4.2.3 CPS的认识 …… (20)
4.2.4 CPS的内涵 …… (20)
4.2.5 CPS的核心技术要素 …… (21)
4.3 CPS在制造业的应用 …… (24)
4.3.1 智能工厂 …… (25)
4.3.2 大规模定制 …… (25)
4.3.3 可配置的智能产品 …… (25)
4.3.4 可配置的智能设备 …… (26)
4.3.5 人的角色发生改变 …… (26)
4.3.6 服务驱动 …… (27)
第5章 工业机器人 …… (28)
5.1 工业机器人 …… (28)
5.1.1 工业机器人程序编写 …… (28)
5.1.2 工业机器人典型应用 …… (29)
5.2 工业机器人任务协作化应用 …… (30)
5.3 工业机器人协作工作场景 …… (31)
5.3.1 工业机器人与工业机器人 …… (31)
5.3.2 工业机器人与环境设备 …… (32)
5.3.3 协作机器人与人 …… (33)
第6章 协作机器人 …… (34)
6.1 人机协作的起源 …… (34)
6.2 协作机器人的定义 …… (35)
6.3 人机协作的安全问题 …… (35)
6.3.1 停止类别 …… (35)
6.3.2 安全完整性等级（SIL） …… (36)
6.4 协作机器人安全标准 …… (37)
6.4.1 ISO 15066为机器人行业解答的问题 …… (37)
6.4.2 ISO 15066规范的主要内容 …… (37)
6.5 安全措施 …… (40)
第7章 工业机器人位姿 …… (42)
7.1 位置与姿态 …… (42)

7.2 二维空间姿态描述 …… (45)
7.2.1 位姿旋转 …… (46)
7.2.2 位姿平移旋转 …… (47)
7.3 三维空间姿态描述 …… (48)
7.4 表示三维姿态旋转的方法 …… (48)
7.4.1 正交旋转矩阵（主要） …… (48)
7.4.2 绕任意向量旋转 …… (49)
7.4.3 欧拉角 …… (50)
7.4.4 单位四元数 …… (50)
第8章 机器视觉 …… (53)
8.1 概述 …… (53)
8.2 成像系统 …… (54)
8.3 3D摄像机 …… (57)
8.3.1 ToF摄像机 …… (57)
8.3.2 基于结构光的摄像机 …… (59)
8.3.3 基于激光三角测量的摄像机 …… (61)
第9章 2D成像系统标定 …… (69)
9.1 单目摄像机标定 …… (69)
9.2 标定算法 …… (71)
9.3 Halcon单目摄像机标定案例 …… (73)
9.3.1 Halcon单目摄像机的主要参数 …… (73)
9.3.2 Halcon标定板参数 …… (73)
9.3.3 Halcon单目摄像机的标定过程 …… (75)
9.3.4 Halcon单目摄像机的标定结果 …… (76)
9.3.5 摄像机标定的作用 …… (76)
9.4 Halcon单目摄像机标定程序 …… (77)
9.5 手眼系统标定的目的 …… (79)
9.6 手眼系统标定过程 …… (81)
9.6.1 眼在手外式手眼系统标定过程 …… (81)
9.6.2 眼在手上式手眼系统标定过程 …… (82)
9.6.3 求解线性方程 $\boldsymbol{A} \cdot \boldsymbol{X} = \boldsymbol{X} \cdot \boldsymbol{B}$ …… (83)
9.7 Halcon六轴关节固定摄像机手眼标定案例 …… (84)
9.7.1 Halcon六轴关节固定摄像机手眼标定步骤 …… (84)
9.7.2 Halcon六轴关节固定摄像机手眼标定变换关系 …… (84)
9.7.3 Halcon六轴关节固定摄像机手眼标定参考程序 …… (84)
9.8 2D抓取应用案例 …… (89)
第10章 基于几何信息的工业机器人应用 …… (96)
10.1 RoboDK …… (96)

10.2 基于 RoboDK API 的机器人仿真编程 …… (97)
10.3 Robolink 模块使用示例 …… (97)
10.4 RoboDK 模块使用示例 …… (98)
10.5 RoboDK 应用示例 …… (98)
10.5.1 机器人的连接 …… (98)
10.5.2 监视关节 …… (100)
10.5.3 监视 UR 机械手 …… (100)
第 11 章 基于传感信息的工业机器人应用 …… (105)
11.1 COBOTSYS 简介 …… (107)
11.1.1 COBOTSYS 模块 …… (107)
11.1.2 COBOTSYS 特性 …… (109)
11.2 COBOTSYS 典型应用案例 …… (112)
11.2.1 力控打磨系统 …… (113)
11.2.2 无序抓取系统 …… (113)
第 12 章 基于机器学习的工业机器人应用 …… (115)
12.1 亚马逊抓取挑战赛（Amazon Picking Challenge）项目简介 …… (115)
12.1.1 比赛规则 …… (115)
12.1.2 面临的挑战 …… (117)
12.2 APC 系统解决方案 …… (117)
12.2.1 机器人本体 …… (117)
12.2.2 机械手 …… (118)
12.2.3 摄像机 …… (119)
12.2.4 机器人系统计算机 …… (119)
12.2.5 软件系统 …… (120)
12.3 视觉系统 …… (120)
12.3.1 视觉总体方案 …… (120)
12.3.2 方案执行 …… (121)
12.3.3 深度学习模型 …… (121)
12.3.4 训练模型标注过程 …… (122)
12.3.5 使用分类器 …… (122)
第 13 章 任务协作化应用案例 …… (124)
13.1 装配现状 …… (124)
13.2 工业交换机 …… (125)
13.3 工业交换机装配工艺 …… (126)
13.3.1 人机协作工艺分析 …… (126)
13.3.2 人机协作装配生产线的工艺分析 …… (128)
13.4 人机协作装配生产线设计与建模 …… (130)

13.4.1 机器人末端工具设计 …… (130)
13.4.2 工作台上工装卡具设计 …… (131)
13.4.3 协作机器人工步设计 …… (132)
13.4.4 协作机器人整条装配生产线设计 …… (134)
13.4.5 人机协作装配生产线的传送带控制设计 …… (135)
13.4.6 手动工位设计 …… (135)
13.5 人机协作装配生产线运行效果分析 …… (136)
13.5.1 人体工效学 …… (136)
13.5.2 生产复杂度 …… (136)
参考文献 …… (138)

第 1 章

制造业的现状

制造业是指透过劳动人力、机器、工具、生物化学反应或配方，将原料加工制造生产成可供使用或销售的制成品或最终产品的行业。先进的制造业能够利用创新技术来改进传统的工艺流程和产品，而传统制造业则更多地依赖于手工或机械化技术。

相比于传统制造，智能制造已经成为全球价值链重构和国际竞争格局调整背景下各国的重要选择。发达国家纷纷加大制造业回流力度，提升制造业在国民经济中的战略地位。亚洲作为制造业重要地区，也在为制造业的自动化、智能化积极部署。智能制造已经成为制造业转型升级的必然趋势。

1.1　制造业的背景

第四次工业革命与物联网、人工智能、可穿戴设备、机器人技术和增材制造等新兴技术联手，正在推动生产技术和商业模式的发展，而这些生产技术和商业模式将从根本上颠覆制造业。制造业发展战略的制定与执行本就充满了挑战，而科技变化速度之快、涉及范围之广更使这项任务变得更加错综复杂。而试图通过“低成本制造”→“出口”的模式来实现经济增长与发展的策略在技术变革的冲击下更加岌岌可危。各国需要调整自己的生产模式，通过国家战略将制造业变成本国竞争力。各国政府及业界、学术界和民间社团正在采取适当的行动，重新塑造制造业的未来。

1.2　制造业的战略意义和现状

从传统角度来看，制造业一直是世界各国经济增长、繁荣和创新的引擎。当前的发达国家——德国、日本、英国和美国等，通过早期工业化革命加速了本国的经济增长。东亚初生工业国也在近几十年迈上了类似的道路，通过工业化和出口的拉动型增长，社会经济实现了前所未有的发展。同时，制造业能够创造直接和间接的就业机会，促进国家繁荣发展。制造业本身就贡献了全球就业总量近四分之一的份额，制造业工作岗位的乘数效应还能创造一些间接就业机会。据估计，美国每诞生一个制造业全职岗位，非制造业领域就会出现 3.4 个同等全职岗位。制造业带动了整个经济体的创新发展。

由于制造业与宏观环境的变化，曾经的传统工业模式目前面临着巨大的危机。每一场工业革命都会开辟一条新的道路，新参与者往往能够抓住其中的机会，实现对传统领军者的弯道超车。第四次工业革命和新兴技术正在推动新生产技术和商业模式的发展，而后者将从根本上改变全球制造业体系的格局。

在过去的 20 年里，全球化导致国家之间总体收入不平等的程度日益加剧。全球化诚然是一项重大成就，它能够帮助亿万民众脱离贫困。但就平均而言，国家之间的收入不平等现象反而愈演愈烈。在经历了 25 年的快速全球化进程之后，各国对移民、贸易，以及其他跨境流动活动的限制越来越多。

在 2010 年制造业增加值超越美国之后，中国成长为全球头号制造业大国。尽管中国拥有庞大的制造业规模，但在制造业的结构复杂性方面仍有改善空间。在过去的 20 年里，中国已经踏上了从低成本产品到高端产品的升级之路。然而，由于中国的体量问题，其制造业不同部门的现代化水平差别显著。中国承诺在未来继续节能减排，坚持走可持续发展之路。因此，新兴技术的应用将有助于该目标的实现。在 2015 年，中国政府提出《中国制造 2025》计划，旨在实现中国制造业的转型升级，为制造业创新提供政策支持。

美国拥有全球第二大制造业。在 2016 年，美国的制造业增加值总额接近 2 万亿美元，约占全球制造业增加值的 16%，占美国国内生产总值的 12%。美国的经济体复杂性排名世界第八，在制造业的未来竞争中占据了有利地位。美国的创新能力也是全球闻名，在第四次工业革命新兴技术重大发展的前沿领域据有一席之地。此外，很多高等教育机构为美国培养、吸引和留住高级人力资源提供了有力支持。值得注意的是，美国目前正在努力重振制造业。

目前，日本拥有世界上第三大制造业。在 2016 年，日本的制造业增加值总额超过 1 万亿美元，几乎占全球制造业增加值的 9%。中国、美国和日本三国的制造业增加值总额占全球制造业增加值总额近一半。自 1984 年以来，日本的经济体复杂性一直是世界第一。日本拥有成熟的消费基础、强劲的企业活动和巨大的市场规模，但在制造业驱动因素方面，日本对环境需求表现得特别突出。在 2016 年，日本政府推出了“社会 5.0”战略，旨在通过新兴技术推动制造业转型，乃至实现整个社会的变革。此外，日本政府还在 2017 年提出了“联结的产业（Connected Industries）”计划，支持日本制造业等产业通过资源、人员、技术、组织和其他社会元素的联结，创造新价值。

德国拥有全球第四大制造业。在 2016 年，德国的制造业增加值总额达到 7 750 亿美元，经济复杂程度在全球排名第三。德国拥有全球闻名的优质制造业传统，超过一半的制造业产出出口海外。德国在综合制造业驱动因素中排名第一，在技术和创新、人力资本、全球贸易和投资，以及需求环境驱动因素等方面排名前十。随着 2011 年德国“工业 4.0”计划的推出，德国致力于实现产品、价值链与商业模式的数字化与互联互通，大力推动数字化制造业的发展，成为该领域的先行者之一，在制定全球工业新标准和规范方面发挥着主导作用。

总之，各国对制造业战略意义已经达成共识并付诸行动，以加强本国制造业在国民经济中的基础性作用。各国都面临着如何将制造业转型升级，如何参与制造业全球价值链的问题。重塑未来的制造业课题，机遇和挑战并存。

科学的发展和技术的创新，深刻改变着人们的生活，每一次工业革命的背后都是技术的突破。蒸汽机、计算机、控制论和互联网无不创造了伟大的时代变革，从历史的角度看，人们善于用科学技术和创新解决每个时代所面临的困难挑战。同样，这次全球制造业的深刻变革和转型升级也要由科技来解决。不同的是，人们已经身处由 3D 打印开启的定制时代和由大数据与机器智能开启的智能时代。

1.3　各国制造业的布局现状

1. 美国：GE 工业互联网和大数据平台、智能转型

2012 年 2 月 22 日，美国国家科学技术委员会发布《国家先进制造战略规划》，该战略规划基于总统科学技术顾问委员会在 2011 年 6 月发布的《确保美国先进制造领导地位》白皮书，并响应了《美国竞争再授权法案》的相关精神，用于指导联邦政府支持先进制造研究开发的各项计划和行动。在该战略规划中，先进制造是指运用和调度信息、自动装置、计算、软件、传感、网络，以及运用基于物理、化学和生物学等众多学科而实现的新材料和新功能，如纳米技术、化学和生物学的一系列活动，包括制造现有产品的新方法、制造由新型先进技术催生的新产品两个方面。先进制造能够提供高质量的就业岗位，是出口的重要来源，也是技术创新的关键源泉，同时，也为军方、情报界和国土安全机构提供必需品和装备。

2014 年 10 月 27 日，美国先进制造业联盟指导委员会发布《振兴美国先进制造业》报告 2.0 版，报告中指出加快创新、保证人才输送管道和改善商业环境是振兴美国制造业的三大支柱，特别是在加快创新方面，美国将在新型制造技术领域增加大量投资。国防部、能源部、农业农村部及航空航天总局等政府部门将向报告中所建议的复合材料、生物材料等先进材料和制造业所需先进传感器及数字制造业加大投资，总额超过 3 亿美元。以政府提供先进设备，部门与科研机构、高校联动，设立联合技术测试平台等方式促进创新发展。

从 2011 年 6 月至今，在美国政府一系列措施下美国的先进制造业逐渐振兴，已经建成了多个研究所。政府向社区大学投资近 10 亿美元，帮助先进制造业培养合格的工人；同时也扩大对新兴、交叉性学科应用性研究的投入。美国政府还采取新的措施对退伍军人进行合理分配，包括向先进制造业分配合格的人才。最近几年，美国制造业增加了几十万甚至上百万个就业岗位。

2. 德国：“工业 4.0”

德国“工业 4.0”是由德国科学界、产业界和工程界共同制定，以提高德国工业竞争力

为主要目的的战略。为了支持工业领域新一代革命性技术的研发与创新，德国政府在2013年4月举办的汉诺威工业博览会上正式推出了《德国工业4.0战略计划实施建议》。该计划对全球工业未来的发展趋势进行了探索性研究和清晰描述，为德国预测未来10～20年的工业生产方式提供了依据，因此引起了全世界科学界、产业界和工程界的关注。目前，“工业4.0”已经上升为德国的国家战略，成为德国高科技战略的十大目标之一。

德国“工业4.0”将对传统制造业产生深远的影响。它把信息技术与智能技术进行结合，比传统制造业更强大，它可以扩展到配送物流、售后维修等其他领域。在此基础上，德国“工业4.0”会给传统制造业带来更多的发展机会，把更具个性化的服务带入市场。它本质上就是以机械化、自动化和信息化为基础，建立智能化的新型生产模式与产业结构。

3. 日本：不满足于精益制造

伴随德国工业4.0时代的到来，传统的制造业强国——日本也开始发力。日本选择了机器人作为突破口。日本机器人因在工业领域的普及而受到全球的认可。目前，日本仍然保持工业机器人产量、安装数量世界第一的地位。2012年，日本机器人产值约为3 400亿日元，占全球市场份额的50%，安装数量（存量）约30万台，占全球市场份额的23%。而且，机器人的主要零部件，包括机器人精密减速机、伺服电动机、重力传感器等，占据90%以上的全球市场份额。

2015年5月，日本机器人革命促进会正式成立，标志着“日本机器人新战略”迈出了第一步。“日本机器人新战略”主要有两大目的，即“扩大机器人应用领域”与“加快新一代机器人技术研发”。而近年来，随着德国的“工业4.0”、美国的“工业互联网”等相继涌现，加速了以新一代信息技术为主线的制造创新趋势。日本政府决定在日本机器人革命的促进会下设“物联网升级制造模式工作组”。2015年7月中旬“物联网升级制造模式工作组”召开了第一次大会。除了三菱电动机、日立制作所等工业控制设备厂商之外，富士通NEC等IT企业，三菱重工、川崎重工、日立造船、日产汽车等工业企业，以及贸易集团和智库等制造业相关的77家代表企业参会。此外，还有15个商协会等社会组织参与了大会。

“物联网升级制造模式工作组”的目标主要是，跟踪全球制造业发展趋势的科技情报，通过政府与民营企业的通力合作，实现物联网技术对日本制造业的变革。具体而言，主要有四点：一是梳理物联网升级新制造模式的示范案例；二是探讨标准化模式，提供参考信息；三是调研物联网和信息物理融合系统在智能工厂中的应用潜力；四是在政府与德国、美国等有关国际机构协商合作之际，提供参考决策。

4. 中国：《中国制造2025》

为了实现由制造大国向制造强国转变，中华人民共和国国务院于2015年5月8日公布了强化高端制造业的国家战略规划——《中国制造2025》。《中国制造2025》要求坚持走中国特色的新型工业化道路，以促进制造业创新发展为主题，以提质增效为中心，以加快新一代信息技术与制造业深度融合为主线，以推进智能制造为主攻方向，以满足经济社会发展和国防建设对重大技术装备的需求为目标，强化工业基础能力，提高综合集成水平，完善多层次、多类型的人才培养体系，促进产业转型升级，实现制造业由大变强的历史跨越。简言之，《中国制造 2025》的核心是智能制造。

《中国制造 2025》的战略目标是立足国情，立足现实，力争通过“三步走”实现制造强国的战略目标。第一步：力争用十年时间，迈入制造强国行列。第二步：到 2035 年，我国制造业整体水平达到世界制造强国阵营中等。第三步：到中华人民共和国成立一百年时，制造业大国地位更加巩固，综合实力进入世界制造强国前列，我国的制造业主要领域具有创新引领能力和明显竞争优势，建成全球领先的技术体系和产业体系。

第 2 章

智能制造

工业机器人参与的生产制造过程应分为三个阶段：系统集成自动化、物数融合智能化和人机任务协作化。充分理解智能制造有利于工业机器人在智能制造中发挥重要作用。智能制造是新一代信息通信技术与先进制造技术深度融合，涉及多个学科、多个层面、多条技术路线。应从多个方面深入理解智能制造，除了人工智能、数字化、云平台和大数据这几个方面外，还要从复杂系统、商业模式等先进理念去理解。

2.1 智能制造定义

基于互联网+工业模式的物联网、深度学习、云平台、云计算、新视觉、新听觉和 VR 已经成为一种社会资源被各行各业广泛使用，移动计算彻底改变了人们生活的方式。在这样的背景下，制造业同样也随之发生着巨变，新时代制造业向智能制造发展，这要求智能制造具有在线能力、自主能力、学习能力、感知能力和自治能力。所以，智能制造是基于新一代信息通信技术与先进制造技术的深度融合，它贯穿于设计、生产、管理和服务等制造活动的各个环节，具有自感知、自学习、自决策、自执行和自适应等功能。即要求智能制造是通过物数融合，将技术、经验、知识数据化，将机器产生的数据知识化，并且两者深度融合形成的感控系统。其本质是知识数字化、机器智能化、任务协作化。

与此同时，智能制造也带来了一些工业发展模式的变化。企业社会职能由提供产品转变为提供服务，自适应生产（将设备与市场连接）成为产品附加值创造的新形式，工业化的形式由企业转变为平台，企业的竞争集中在商业模式的创新，企业的核心竞争力是商业模式流程的开发，产品是流程的结果。

工业发展新模式推动下制造业将出现下述四大变化：

（1）新工厂人阶层的诞生（即高度互联智能型车间）使得制造业开始迈入自组织阶段，工厂的自动化水平进一步提升。

（2）价值链将实现端到端的无缝连接，帮助制造商以更快的速度推出创新产品。

（3）供应链将与更广阔的供应商生态系统相互连接，作为单一平台实现企业与企业之间的整合。

（4）数据将推动新服务创造与商业模式。

下面将从三个维度观察智能制造：工业智能技术+制造=智能制造；工业大数据+制造=智能制造；“信息-物理”系统（CPS）+制造=智能制造。

理解它们之间的关联关系。

2.2　智能制造的内涵

传统意义上的智能是在传统工厂的大规模生产的生产运行组织方式下，以提高效率为目的，实施的精益工程和工业工程。智能制造本质上是一组技术的总称，具有优化能力、仿真能力、计划能力、管理能力、自动化能力和数字化能力，其可以从制造层面和产品生命周期两个方面理解。

2.2.1　从制造层面上理解

从制造层面上，智能制造可分为以下三个方面。

（1）制造过程智能化：即要求产品的设计、加工、装配检测和服务等每个环节都具有智能特性。

（2）制造工具智能化：即通过智能机床、智能工业机器人等制造工具，帮助实现制造过程自动化、精益化、智能化，进一步带动智能装备水平的提升。

（3）制造方法智能化：针对制造加工工艺、流程、参数等信息，通过机器学习等算法进行智能优化选择的过程。

2.2.2　从产品生命周期层面上理解

从产品生命周期层面上，智能制造可分为以下三个方面。

（1）智能设计：指应用现代信息技术，采用计算机模拟人类的思维活动，提高计算机的智能水平，从而使计算机能够更好地承担设计过程中的各种复杂任务，成为设计人员的重要辅助工具。

（2）智能加工：指借助先进的检测、加工设备及仿真手段，实现对加工过程的建模、仿真、预测和对加工系统的监测与控制，同时集成现有加工知识，使加工系统能够根据实时工况自动优选加工参数，调整自身状态，获得最优的加工性能与最佳的加工质效的过程。

（3）智能装配：指具有装配单元自动化、装配过程数字化、信息传递网络化、过程控制智能化、质量监控精确化等特点，且达到了产品装配质量的高可靠性和全生命周期可追溯性的装配过程。

2.3 智能制造系统架构

《智能制造发展规划（2016—2020 年）》指出，智能制造是基于新一代信息通信技术与先进制造技术深度融合，贯穿于设计、生产、管理、服务等制造活动的各个环节，具有自感知、自学习、自决策、自执行和自适应等功能的新型生产方式。

智能制造系统架构从生命周期、系统层级和智能特征三个维度对智能制造所涉及的活动、装备、特征等内容进行描述，主要用于明确智能制造的标准化需求、对象和范围，指导国家智能制造标准体系建设。智能制造系统架构如图 2.1 所示。

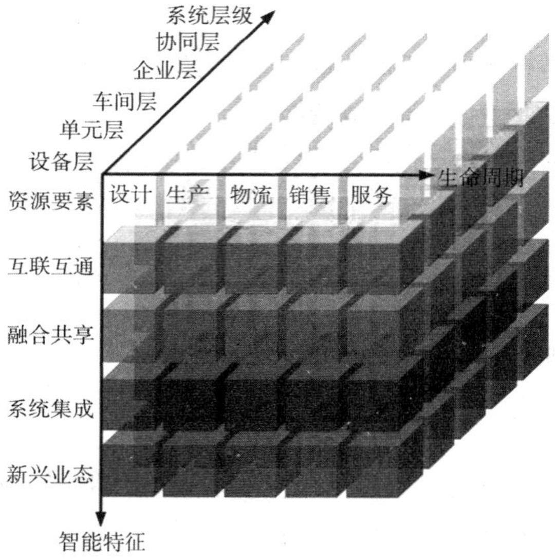

图 2.1 智能制造系统架构

2.3.1 生命周期

生命周期是指从产品原型研发开始到产品回收再制造的各个阶段，包括设计、生产、物流、销售和服务等一系列相互联系的价值创造活动。生命周期的各项活动可进行迭代优化，具有可持续性发展等特点，不同行业的生命周期构成不尽相同，但一般都主要包括以下几个方面。

（1）设计：指根据企业的所有约束条件，以及所选择的技术来对需求进行构造、仿真、验证和优化等研发活动的过程。

（2）生产：指通过劳动创造所需要的物质资料的过程。

（3）物流：指物品从供应地向接收地的实体流动的过程。

（4）销售：指产品或商品等从企业转移到客户手中的经营活动。

（5）服务：指产品提供者与客户接触过程中所产生的一系列活动的过程及其结果，包括回收等。

2.3.2 系统层级

系统层级是指与企业生产活动相关的组织结构的层级划分，包括设备层、单元层、车间层、企业层和协同层，具体内容如下：

（1）设备层是企业利用传感器、仪器仪表、机器、装置等，实现实际物理流程并感知和操控物理流程的层面。

（2）单元层是用于工厂内处理信息、实现监测和控制物理流程的层面。

（3）车间层是实现面向工厂或车间的生产管理的层面。

（4）企业层是实现面向企业经营管理的层面。

（5）协同层是企业实现其内部和外部信息互联和共享过程的层面。

2.3.3 智能特征

智能特征是指基于新一代信息通信技术使制造活动具有自感知、自学习、自决策、自执行、自适应等一个或多个功能的层级划分，它包括资源要素、互联互通、融合共享、系统集成和新兴业态五层智能化要求。

（1）资源要素是指企业对生产时所需要使用的资源或工具进行数字化过程的级别。

（2）互联互通是指通过有线、无线等通信技术，实现装备之间、装备与控制系统之间，企业之间相互连接功能的级别。

（3）融合共享是指在互联互通的基础上，利用云计算、大数据等新一代信息通信技术，在保障信息安全的前提下，实现信息协同共享的级别。

（4）系统集成是指企业实现智能装备到智能生产单元、智能生产线、数字化车间、智能工厂，乃至智能制造系统集成过程的级别。

（5）新兴业态是企业为形成新型产业形态而进行企业间价值链整合的级别。

智能制造的关键是实现贯穿企业设备层、单元层、车间层、企业层、协同层不同层面的纵向集成，包括资源要素、互联互通、融合共享、系统集成和新兴业态不同级别的横向集成，以及覆盖设计、生产、物流、销售、服务的端到端集成。

智能制造标准体系包括A基础共性标准、B关键技术标准、C行业应用标准三个部分，其主要反映标准体系各部分的组成关系。智能制造标准体系结构如图2.2所示。

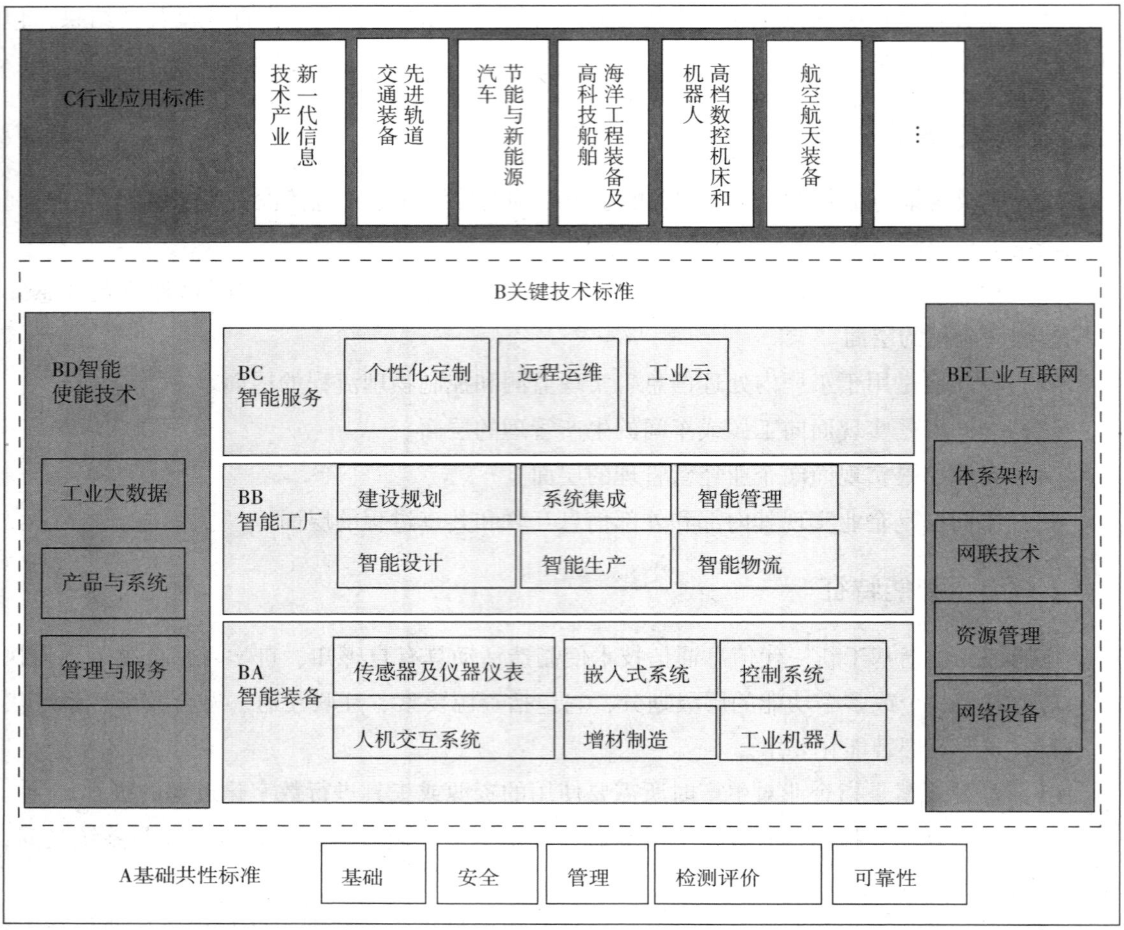

图 2.2　智能制造标准体系结构

具体而言，A 基础共性标准包括基础、安全、管理、检测评价和可靠性五大类，位于智能制造标准体系的最底层，其研制的基础共性标准支撑着图 2.2 中的 B 关键技术标准和 C 行业应用标准。B 关键技术标准是智能制造系统架构智能特征维度在生命周期维度和系统层级维度所组成的制造平面的投影，其中 BA 智能装备对应智能特征维度的资源要素，BB 智能工厂对应智能特征维度的系统集成，BC 智能服务对应智能特征维度的新兴业态，BD 智能使能技术对应智能特征维度的融合共享，BE 工业互联网对应智能特征维度的互联互通。C 行业应用标准位于智能制造标准体系的最顶层，面向行业具体需求，对 A 基础共性标准和 B 关键技术标准进行细化和落地，指导各行业推进智能制造。

第3章

工业人工智能技术

人工智能（Artificial Intelligence，AI）技术已经在图像、语音和自然语言处理等领域进入实用阶段，人工智能技术正在向社会、经济和生活等各个领域渗透，就像人工智能技术正在改变我们的生活方式一样，人工智能技术也正在改变企业的生产方式。工业人工智能技术是适合工业的人工智能技术，工业人工智能技术+制造=智能制造。

3.1 人工智能技术

1956年，麦卡锡、明斯基等科学家在美国达特茅斯学院举办了一场“关于如何用机器模拟人的智能”的学术研讨会，首次提出了人工智能的概念，标志着人工智能作为一门科学而诞生。狭义上，人工智能是类比人脑的人造算法与应用，但随着科技的更替和演进，其内涵正在不断地扩大和泛化。广义上，人工智能是以实现人造智能活动为目的的所有技术与应用的统称，涵盖了对应人类主要的智能：计算机视觉、自然语言理解与交流、语音识别与生成、机器人学、博弈与伦理和机器学习六个大学科，并且学科之间呈现交叉融合的发展势态。

历史上，人工智能的技术根据其所模拟的信息处理方法不同而分为两大类：一是经典逻辑或符号主义，二是人工神经网络或联结主义。符号主义和联结主义是人工智能技术发展历史中竞争最为激烈的两大流派，在人工智能几十年的发展中交替引领人工智能理念和技术的潮流。此外，还有一派是行为主义，它是从主体—客体的控制角度对人工智能进行定义和研究的。

符号主义的观点是人工智能源于数理逻辑。它是一种基于逻辑推理的智能模拟方法，其原理主要为物理符号系统（即符号操作系统）假设和有限合理性原理。该学派认为，人类认知和思维的基本单元是符号，而认知过程就是在符号表示上的一种运算。人是一个物理符号系统，计算机也是一个物理符号系统，因此，就能够用计算机来模拟人的智能行为，即用计算机的符号操作来模拟人的认知过程。该学派的理论与技术包括启发式算法、专家系统和知识工程等。

联结主义的观点是人工智能源于仿生学。其主要原理为神经网络及神经网络间的连接机制与学习算法。该学派认为，人的认知活动就是大脑神经元整体的动态活动，因此可以用计算机模型在结构和功能上模拟大脑神经网络，利用人工神经网络来解释人类大脑的认知活动。联结主义赋予网络以核心性的地位，强调网络的并行分布加工。

在此之后，人工智能又经历了从人脑思维模仿、统计模型和大规模数据分析三个阶段，人工智能的研究从智能问题变为数据问题，从专家系统发展到基于机器学习的模式识别系统，再发展到基于深度学习的大数据分析系统。

3.2 人工智能技术的核心算法

3.2.1 人工智能技术应用层次结构

人工智能技术应用层次结构，从下往上依次是基础设施、核心算法、技术方向和解决方案，如图3.1所示。基础设施包括硬件、计算能力和大数据；核心算法包括机器学习算法、深度学习算法等；再往上是技术方向，其包括赋予计算机感知、分析能力的计算机视觉技术和语音技术，提供理解、思考能力的自然语言处理技术，提供决策、交互能力的规划决策系统和大数据、统计分析技术等；最顶层的是解决方案，目前比较成熟的包括金融、安防、交通、医疗、游戏等。

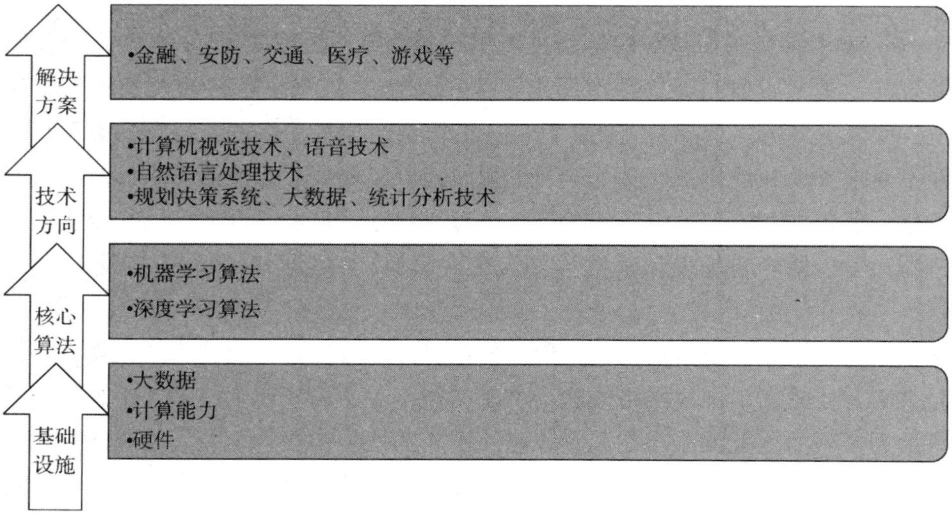

图3.1 人工智能层次结构

3.2.2　核心算法：机器学习

机器学习主要解决三类典型问题。

第一类是无监督学习问题：给定数据，并从数据中发现信息。它输入的是没有维度标签的历史数据，要求输出的是聚类后的数据。其典型的应用场景是用户聚类、新闻聚类等。

第二类是监督学习问题：给定数据，并预测这些数据的标签。它输入的是带有维度标签的历史数据，要求输出的是依据模型所做出的预测。其典型的应用场景是推荐、预测相关的问题。

第三类是强化学习问题：给定数据，并选择动作以最大化长期奖励。它输入的是历史的状态、动作和对应奖励，要求输出的是当前状态下的最佳动作。与前两类问题不同的，强化学习是一个动态的学习过程，而且没有明确的学习目标，对结果也没有精确的衡量标准。强化学习作为一个序列决策问题，就是计算机连续选择一些行为，在没有任何维度标签的情况下，计算机先尝试做出一些行为，然后得到一个结果，通过判断这个结果是对还是错，用来对之前的行为进行反馈。

机器学习的主要算法包括：线性回归（Linear Regression）算法、支持向量机（Support Vector Machine，SVM）算法、最近邻居/K-近邻（K-Nearest Neighbors，KNN）算法、逻辑回归（Logistic Regression）算法、决策树（Decision Tree）算法、K-平均（K-Means）算法、随机森林（Random Forest）算法、朴素贝叶斯（Naive Bayes）算法、降维（Dimensional Reduction）算法、梯度增强（Gradient Boosting）算法。

3.2.3　核心算法：深度学习

深度学习算法中的一个重要分支——神经网络算法。该算法可以追溯到 20 世纪 60 年代，曾被怀疑学习能力有限，在它产生后的 10 年中一直处于低潮期，并未受到太多关注。许多学者仍在坚持不懈地进行研究。2006 年，Hinton 和他的学生在《Science》杂志上发表了一篇文章，从此掀起了深度学习（Deep Learning）的浪潮。深度学习能发现大数据中的复杂结构，也因此大幅提升了神经网络的学习效果。从 2009 年开始，微软研究院和 Hinton 合作研究基于深度神经网络的语音识别，使得相对误差识别率降低 25%。2012 年，Hinton 又带领学生在当时最大的图像数据库 ImageNet 上，对分类问题取得了惊人成果，将 Top-5 错误率由 26%降低至 15%。再往后的一个标志性时间是 2014 年，Ian Goodfellow 等学者发表论文并提出“生成对抗网络”，这标志着 GANs 的诞生；自 2016 年开始 GANs 成为学界、业界炙手可热的概念，它为创建无监督学习模型提供了强有力的算法框架。时至今日，神经网络经历了数次潮起潮落后，又一次站在了风口浪尖，在图像识别、语音识别、机器翻译等领域都能看到它的身影。谷歌旗下 DeepMind 公司的 David Silver 创新性地将深度学习和强化学习结合在了一起，打造出围棋软件 AlphaGo，展现了强化学习的巨大威力。此事件对人工智能来说具有划时代的意义，各种应用如雨后春笋般涌现。“人工智能+”给人以极大的想象空间，这标志着人工智能正式进入了崭新的实用时代，正式宣布深度学习进入实用化阶段。

3.3 工业人工智能的由来

工业人工智能的观点主要源于美国辛辛那提大学特聘讲座教授李杰所著的《工业人工智能》。工业人工智能的第一阶段是全员实践，这最早是在日本被提出和推广的，其核心是改善。每天做好整理、整顿、清扫、清洁，做整体标准化持续化的改善，主要使用的工具是PDCA循环（Plan，Do，Check，Action）和全员实践的组织文化。工业人工智能的第二个阶段是数据化，丰田公司提出的精益制造系统和被美国电气公司发扬光大的六西格玛（6-Sigma）管理体系都是这个阶段的范畴，强调的是如何围绕测量与统计技术构建以数据为标准的管理体系。工业人工智能的第三阶段做预测性建模分析，是从2000年至今美国一直在做的转型工作，是解决数据层到信息层，再到决策层的闭环问题。工业人工智能的第四阶段是自主决策优化的知识系统，知识系统的形式可以有很多，过去主要是专家系统、物理模型、统计模型和指标体系，而现在借助智能算法和大数据可以构建变量更加庞大和关系更加复杂的知识系统。这些知识系统的目的是实现对未来态势和不可测变量的精确预测，进而实现更加优化和及时的决策。在这个阶段我们要做的就是把数据和经验变成可以支持决策的系统，将基于经验的决策转变成为基于事实分析的决策。经验虽然可以传承，但因为难以被确切和完整地表达而难以长久传承。数据更容易传承，因为它更加具象和富有逻辑。工业人工智能的第五阶段是工业人工智能的最高阶段，这个阶段的工业系统可以在“感知→分析→预测→决策→执行→反馈”的一次次闭环中自主产生新的知识，从而进一步优化知识系统和决策系统，实现知识的产生、利用和传承的自主化。总的来说，具体有以下几个阶段：

（1）全员生产系统（TPS）的5S标准与持续改善（全员实践）；

（2）精益制造系统与“6- Sigma”体系化管理（以数据为标准的管理体系）；

（3）数据驱动的预测性建模分析（隐性问题显性化）；

（4）以预测为基础的资源有效性运营决策优化（支持决策的知识系统）；

（5）对实体镜像对称建模的“信息-物理”系统（知识的产生、规模化利用和传承）。

这里提及的“信息-物理”系统即CPS（Cyber-Physical Systems）将在下一章论述。

3.4 工业人工智能的方法

工业人工智能的方法（这些方法的使用涉及了对大数据的使用方式）主要有以下三种。

（1）人工神经网络。人工神经网络即一种应用类似于大脑神经突触接的结构进行信息处理的数学模型，在工程与学术界也简称为“神经网络”或“类神经网络”。

（2）统计学方法。机器学习是人工智能的一个分支。机器学习算法是一类从数据中自动分析获得规律，并利用规律对未知数据进行预测的算法。因为学习算法中涉及了大量的统计学理论，因此机器学习与推断统计学习联系尤为密切，也被称为统计学习理论。

（3）控制论方法。在控制论学派的观点中，感知、认知、反馈执行、迭代进化是实现智能的基本模式。对某项任务的达成可以通过多个智能代理（Agent）的模式进行知识交互，通过事件和信息来驱动行动流程，利用微服务架构实现“信息—认知—知识—决策”的点对点思维逻辑，构建实体空间与“信息-物理”系统中个体空间、群体空间、环境空间、活动空间、推演空间的知识交互、知识共享、知识再生社区，从根本上解决信息系统知识生产速度无法满足知识消耗速度的矛盾，建立自主认知、自主成长的可持续发展的“知识创造”系统。

3.5　工业人工智能的功能

工业人工智能的功能有以下几种：

（1）分类（Classification），即根据一组训练数据，将新输入的数据进行分类的业务，主要任务为识别特定物理对象，如卡车、生产线上接受质检产品等的图形。

（2）连续评估（Continuous Estimation），即根据训练数据，评估新输入数据的序列值，常见于预测型任务，如根据各种维度的数据来预测备件需求，根据过程参数预测产品质量（虚拟量测）等。

（3）聚类（Clustering），即根据任务数据创建系统的单个类别，如创建基于个人数据的消费偏好。

（4）运筹优化（Operation Optimization），即系统根据任务产生一组输出为特定目标的函数优化结果，如排产优化、维护计划优化、选址优化、无人车调度优化等。

（5）异常检测（Anomaly Detection），即根据训练数据/历史相关性判断输入数据是否异常，本质上可以认为是分类功能的子范畴，如多变量过程异常检测、设备健康预警、网络入侵识别等。

（6）诊断（Diagnostics），常见于信息检索和异常诊断问题，即基于检索需求，按照某种排序标准呈现结果，如提供产品购买推荐、出现残次品时的异常排查推荐等。

（7）决策建议（Recommendations），即根据训练数据针对某个活动目标提供建议，如维修计划建议等。

（8）预诊断（Prognostics），即通过连续评估设备参数，对未来可能发生的异常进行预测，包括发生的时间、故障模式和影响。

（9）参数优化（Parameter Optimization），通过建立多个控制参数之间的相关性模型和对优化目标的影响方程，结合优化算法对多个控制参数的组合进行动态优化，如锅炉燃烧优化、热处理工艺参数优化等。

3.6　工业人工智能的意义

工业人工智能对工业发展具有重大意义，它能够使工业系统中隐性的问题显性化，也能够从工业大数据中形成知识，甚至能够实现知识的积累、传承和规模化应用。

3.6.1 隐性的问题显性化

工业人工智能并不是通用人工智能技术在工业场景中的简单复用，工业智能落地需要依靠计算机科学、人工智能和相关领域知识的深度融合。与传统的基于专家规则或机理建模的方式相比，数据驱动的工业智能技术的一大优势是通过基于数据中蕴含的洞察和依据建立预测性分析，建立对不可见问题的管理手段，探索复杂事物之间的关系，并在这个过程中不断积累新的知识，形成可以持续传承和迭代的智能系统。

工业人工智能能够使工业系统中隐性的问题显性化，进而通过对隐性问题的管理避免问题的发生，其中的核心技术主要包括以下几种。

（1）测量原本不可被测量或无法被自动测量的过程因素，如设备状态评估与故障预测、机器视觉、模式识别和先进传感等技术。

（2）建立过程因素之间，以及过程质量之间的关系模型，如多变量过程异常检测、虚拟量测、深度学习神经网络和关系挖掘等技术。

（3）动态优化最优的过程参数设定，使系统具备自动补偿能力，增强系统的强韧性，如优化算法、动态误差补偿、智能控制系统等技术。

3.6.2 从数据中形成知识

工业大数据技术是使工业大数据中所蕴含的价值得以挖掘和展现的一系列技术与方法，包括数据采集、预处理、存储、分析挖掘、可视化和智能控制等。而工业大数据应用，则是对特定的工业大数据集，集成应用工业大数据系列技术与方法，获得有价值信息的过程工业大数据技术的研究与突破，其本质目标就是从复杂的数据集中发现新的模式与知识，挖掘得到有价值的新信息，从而促进工业企业的产品创新、提升经营水平和生产运作效率以及拓展新型商业模式。

利用工业人工智能方法从工业大数据中形成知识，知识的形成就是大数据应用的三个方向。

（1）将问题的产生过程利用数据进行分析、创建和管理，从解决问题到避免问题。

（2）从数据中挖掘隐性问题的线索，通过对隐性问题的预测分析，在其发展成为显性问题之前进行解决。

（3）利用知识对整个生产流程进行剖析和精细建模，从产品设计和制造系统设计端避免问题。

3.6.3 知识的积累、传承和规模化应用

对知识的积累、传承和规模化应用方式的差异决定了制造哲学和文化。日本通过不断改善组织文化和对人的训练，在知识的承载和传承上非常依赖人，其最主要的特点是通过组织的优化、文化的建设和人的训练来解决生产系统中的问题；德国通过设备和生产系统的不断升级，将知识固化在设备上。例如，德国提出的“工业 4.0”计划，其背后是德国在制造系统中积累的知识体系集成后所产生的系统产品，同时将德国制造的知识以软件或是工具包的

形式提供给客户作为增值服务，从而实现客户身上可持续的盈利能力；美国从数据中获取新的知识，并擅长颠覆和重新定义问题，与日本和德国相比，美国在解决问题的方式中最注重数据的作用，无论是客户的需求分析、客户关系管理，还是生产过程中的质量管理、设备的健康管理、供应链管理、产品的服役期管理和服务等方面都大量地依靠数据进行。

3.7　智能制造的应用

近三年，国内老牌机床厂陆续出现了经济困难和危机，传统研究方法面临着困境。我国机床行业面临巨大的转型和升级压力。由于传统数控机床只是通过G代码、M指令来控制刀具、工件的运动轨迹，而对机床实际加工状态，如切削力、惯性力、摩擦力、振动、力、热变形，以及环境变化等，少有感知和反馈，这就导致刀具的实际路径偏离理论路径，降低了加工精度、表面质量和生产效率。

在这种背景下，新一代智能机床，是在工业互联网、大数据、云计算的基础上，将新一代人工智能技术和先进制造技术深度融合的机床。

智能机床的发展可分成以下三个不同的阶段：

（1）初级阶段：机床数字化，如Digital MT数控机床。

（2）中级阶段：数控机床互联，如Smart MT智能机床。

（3）高级阶段：新一代人工智能，如Intelligent MT新一代智能机床。

由此可见，新一代智能机床具有自主感知与机床、加工、工况、环境有关的信息的功能；能通过自主学习获取知识，并可应用这些知识进行自主决策，实现自主执行，从而实现加工制造过程的优质、高效和低耗的多目标优化运行。

第 4 章

信息-物理系统（CPS）

CPS（Cyber-Physical Systems）是一种处理复杂系统的新智能系统，是一种新的分布式控制方式，CPS 也是“工业 4.0”的前身。CPS 认为决策是以知识为基础，而不是原始数据，而实现认知需要在感知和控制的基础上实现任务描述、环境建模和知识表示，CPS 就是实现这种认知过程的载体。因此，可以认为“信息-物理”系统+制造=智能制造。

4.1 CPS 的产生背景

1993 年在索马里发生了黑鹰事件，这次事件造成了美军 19 人死亡，后来拍成了家喻户晓的电影《黑鹰坠落》。事后对黑鹰事件的调查显示，美军在行动过程中使用了错误的情报和旧的地图，加之第一名士兵从直升机上坠落受伤，这导致总部的指挥和现场的应对过程出现混乱，使得美军在撤退过程中出现一连串失误，在层层错误决策的叠加影响下造成了最后的悲剧。这起事件引发了美国军方的深刻反思，于是有了美军的一系列改革举措：首先是加快无人机（UAV）的研发与部署，使无人机用于执行高风险的侦查和打击任务；其次是对情报系统进行改革，在网络情报和实时地理信息等方面投入大量研发力量；最后建立美军国家模拟中心，该中心具备从兵团级到单兵作战单位的评估和仿真分析能力，用于制定战术的决策支持和训练。

最值得注意的是，这些改革举措大量运用了当时还处于概念阶段的分布式技术，以远程通信、大规模计算和网络技术为基础，实现了数据和信息资源的去中心化（随时随地的共享能力），并利用了分布式计算系统提升了对复杂状态的评估和分析能力。这也使得战场指挥发生了从原来的集中式转向分布式的革命性变革，这一方面打破了指挥中心与战地人员信息不对称的限制；另一方面，强大的运算能力也能够通过通信和网络技术服务于每一个士兵提供决策支持，从技术上能够实现指挥中心与战地人员的信息完全对称。

也正是有了以上的一系列举措，使美国在伊拉克战争中有了完全不同的表现，从战争的战略制定到战术层面的决策支持，美军国家模拟中心起了巨大的作用。我们不去讨论这场战争本身正确与否，单从技术上分析，它如同海湾战争一样在历史中具有里程碑式的意义。海湾战争是人类历史上第一次真正意义上的信息化战争，通信和网络技术的大规模应用使得将军能够指挥每一个士兵，这让战场行动的实时性和精准性有了革命性的突破。而伊拉克战争则是人类历史上第一次真正意义上的智能化战争，因为计算和分析技术第一次大规模地取代了人的决策。

4.2　CPS

4.2.1　CPS 产生

复杂系统是相对于简单系统而言的。系统论、信息论、控制论（三论）是第二次世界大战后诞生的一组新兴学科，其中系统论是管理所遵循的方法论，它将世间万物分类为三种系统。

1. 简单系统

简单系统的特点是元素数目特别少，因此可以用较少的变量来描述。且简单系统是可以控制的、可以预见的、可以组成的。在管理学中，这种系统一般出现在组织的初期，比如一个团队，抱着同样的目的，有同样的背景，就组成了一个简单系统。

2. 随机系统

随机系统的特点是元素和变量数多，但其间的耦合是微弱的或随机的，即只能用统计的方法去分析。这样的系统在社会中不多见，彩票是随机系统的一个很好的例子。

3. 复杂系统

复杂系统的特点是元素数目多，且其间存在着强烈的耦合作用。复杂系统由各种小的系统组成，例如，生态系统就是由各个种群、各种生物组成的。生态系统是复杂系统的一个典型例子。在管理学中，经常把一个公司看作复杂系统，它兼有简单系统和随机系统的各种特征。制造企业及其所处的市场，无疑就是一个典型的复杂系统。

复杂系统往往具有复杂的网络和结构。复杂科学是研究复杂性、复杂系统的科学，是近年来系统科学发展的新方向。

4.2.2　复杂系统的特点

复杂系统一般具有如下两个主要的特点。

1. 自适应性

如果将复杂系统内的元素或主体视为智能主体，则其行为遵循一定的规则。主体会根据所处环境和接收到的信息来调整自身的状态与行为，并且通常有能力根据各种信息调整规则，产生以前从未有过的新规则。

2. 局部信息

在复杂系统中，没有哪个主体能够知道其他所有主体的状态和行为，每个主体只可以从个体集合中一个相对较小的集合里获取信息，即获取“局部信息”，再做出相应的决策。系统的整体行为是通过个体之间的相互竞争、协作等局部相互作用而涌现出来的。

综上，CPS 的产生源于复杂系统的控制问题。

4.2.3 CPS 的认识

CPS 并不是单项技术，而是一个丰富的技术体系。CPS 的产生和复杂系统背后的哲学和思想有很强的共性。

Cyber-Physical Systems 翻译为信息-物理系统。首先 Cyber 主要是泛信息化或信息科技（IT）的概念；其次，Physical 主要是“物理”的意思，更重要的含义是“实体规律”，因此，CPS 译为“信息-物理”系统。

4.2.4 CPS 的内涵

1. 定义

信息-物理系统通过集成先进的信息通信和自动控制等技术，构建了物理空间与信息空间中人、机、物、环境和信息等要素相互映射、实时交互、高效协同的复杂系统，实现系统内资源配置和运行的按需响应、快速迭代和动态优化的功能。

2. 本质

CPS 的本质是通过构建一套信息空间与物理空间之间基于数据自动流动的状态感知、实时分析、科学决策、精准执行的闭环赋能体系，解决生产制造、应用服务过程中的复杂性和不确定性问题，提高资源配置效率，实现资源优化。状态感知，就是通过各种传感器感知物质世界的运行状态；实时分析，就是通过工业软件实现数据、信息和知识的转化；科学决策，就是通过大数据平台实现异构系统数据的流动与知识的分享；精准执行，就是通过控制器和执行器等机械硬件实现对决策的反馈响应。

3. 层次

资源优化配置的范围可大可小，如优化 AGV 小车路径、优化多台工业机器人协作和优化整个工厂生产规划等。由于数据在不同的量级维度闭环自动流动，《信息物理系统白皮书（2017）》认为 CPS 可以分为三个不同层次，因此，白皮书给出了单元级 CPS 的定义、系统级 CPS 的定义、SoS 级 GPS 的定义，来理解 CPS 在不同层次上的资源优化。

单元级 CPS 是具有不可分割性的信息物理系统最小单元，能够通过物理硬件（如传动轴承、机械臂、电动机等）、自身嵌入式软件系统及通信模块，构成含有“感知—分析—决策—执行”数据的自动流动基本闭环。系统级 CPS 在单元级 CPS 的基础上，通过工业网络的引入，可以实现系统级 CPS 的协同调配。在这一层级上，多个单元级 CPS 及非 CPS 单元设备构成系统级 CPS，如一条含机械臂和 AGV 小车的智能装配线等。SoS 级 CPS 在系统级 CPS 的基础上，可以通过构建 CPS 智能服务平台，实现系统级 CPS 之间的协同优化。在这一层级上，多个系统级 CPS 构成了 SoS 级 CPS，如多条生产线或多个工厂之间的协作，以实现产品生命周期全流程及企业全系统的整合。任何一种层次的 CPS 都要具备基本的感知、分析、决策、执行的数据闭环，以实现一定程度的资源优化。其信息空间的映射体不一定是视觉上与物理实体相似的模型，其重点是对该实体的关键数据进行数字化建模。

4. CPS 的特征

CPS 的六大典型特征为数据驱动、软件定义、泛在连接、虚实映射、异构集成、系统自治。数据驱动是指 CPS 能够将数据源源不断地从物理空间中的隐性形态转化为信息空间的显性形态，并不断迭代优化形成知识库。在这一过程中，状态感知的结果是数据，实时分析的对象是数据，科学决策的基础是数据，精准执行的输出还是数据。因此，数据是 CPS 的灵魂所在。软件定义是指软件正和芯片、传感与控制设备等一起对传统的网络、存储、设备等进行定义，并从 IT 领域向工业领域延伸。工业软件是对工业各类生产环节规律的代码化，支撑了绝大多数的生产制造过程。作为面向制造业的 CPS，软件就成了实现 CPS 功能的核心载体之一。泛在连接是指 CPS 能够实现任何时间、任何地点、任何人、任何物之间的顺畅通信，这必须有强大的泛在连接。泛在连接通过对物理世界状态的实时采集、传输，以及对信息世界控制指令的实时反馈，提供无处不在的优化决策和智能服务。虚实映射是指 CPS 构筑信息空间与物理空间数据交互的闭环通道，能够实现信息虚体与物理实体之间的交互联动。在这一过程中，物理实体与信息虚体之间交互联动，共同作用提升资源优化配置效率。异构集成是指 CPS 能够将大量的异构硬件、软件、数据、网络集成起来实现数据在信息空间与物理空间不同环节的自动流动，实现信息技术与工业技术的深度融合，因此，CPS 必定是一个多方异构环节集成的综合体。系统自治是指更高层次的 CPS 能够实现在多个层面上的自组织、自配置和自优化。在这一过程中，大量现场运行数据及控制参数被固化在系统中，形成知识库、模型库和资源库，使得系统能够不断进行自我演进与学习提升，提高应对复杂环境变化的能力。

4.2.5　CPS 的核心技术要素

CPS 包含“智能感知技术”“虚实融合控制技术”“工业软件”“工业网络”这四大核心技术要素。

1. 智能感知技术

CPS 主要使用的智能感知技术是传感器技术。传感器是一种检测装置，能感受到被测量的信息，并能将感受到的信息，按一定规律变换成为电信号或其他所需形式的信息输出，以满足信息的传输、处理、存储、显示、记录和控制等要求。RFID 是最常用的一种传感器，即射频识别传感器，主要包括感应式电子晶片或近接卡、感应卡、非接触卡、电子标签和电子条码等。RFID 系统一般由电子标签、读写器和计算机网络及数据处理系统三大部分组成。

2. 虚实融合控制技术

虚实融合控制技术是“感知—分析—决策—执行”的循环，其建立在状态感知的基础上。虚实融合控制技术包括物理实体、嵌入控制、虚体控制、集控控制和目标控制五个层次，如图 4.1 所示。

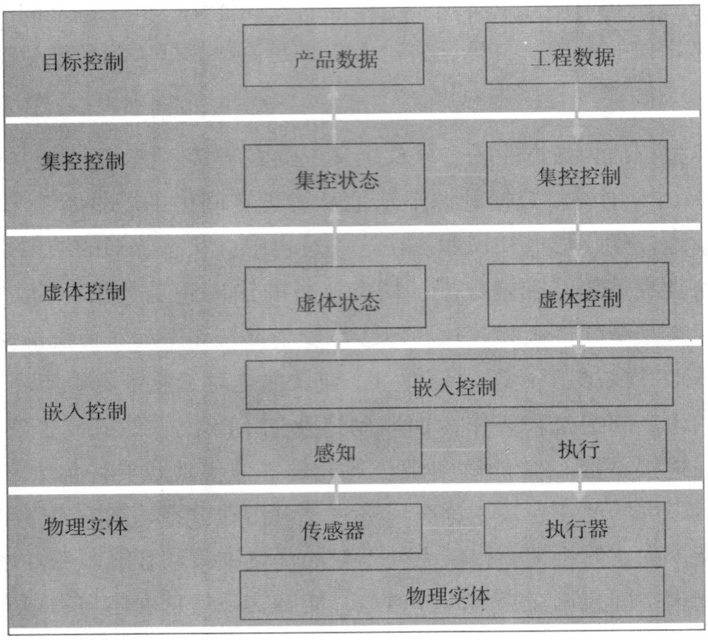

图 4.1　虚实融合控制技术

3. 工业软件

工业软件是指专用于工业领域，为提高工业企业研发、制造、生产、服务与管理水平，以及工业产品使用价值的软件。工业软件通过应用集成能够使机械化、电气化、自动化的生产系统具备数字化、网络化、智能化的特征，从而为工业领域提供一个面向产品生命周期的网络化、协同化、开放式的产品设计、制造和服务环境。CPS 应用的工业软件技术主要包括嵌入式软件技术、MBD（Model Based Definition）技术和 CAX 技术。

（1）嵌入式软件技术。嵌入式软件技术是指把软件嵌入在工业装备或工业产品之中。这些软件可细分为操作系统、嵌入式数据库和开发工具、应用软件等，它们被植入硬件产品或生产设备的嵌入式系统之中，达到自动化、智能化地控制、监测、管理各种设备和系统运行的目的，体现采集、控制、通信、显示等功能。嵌入式软件技术是实现 CPS 功能的载体，其紧密结合在 CPS 的控制、通信、计算和感知等各个环节。如图 4.2 所示为嵌入式软件技术在单元级 CPS 中的作用。

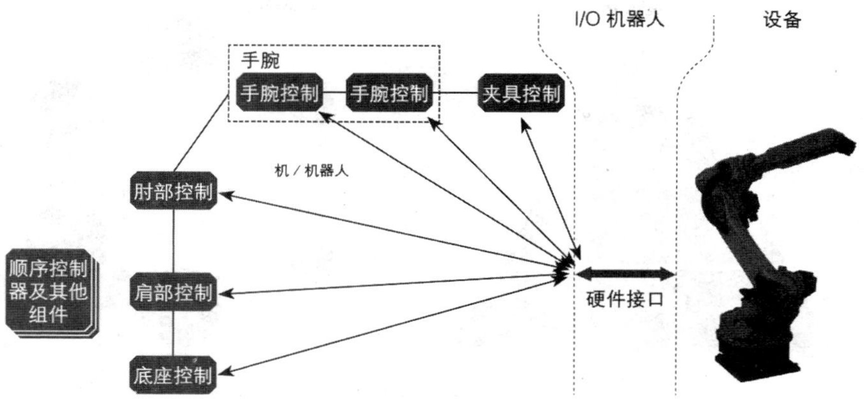

图 4.2　嵌入式软件技术在单元级 CPS 中的作用

（2）MBD 技术。MBD 技术是指采用一个集成的全三维数字化产品描述方法来完整地表达产品的结构信息、几何形状信息、三维尺寸标注和制造工艺信息等，将三维实体模型作为生产制造过程中的唯一依据，改变了传统以工程图纸为主，以三维实体模型为辅的制造方法。MBD 技术支撑了 CPS 的产品数据在制造各环节的流动。

在 MBD 技术的模式下，产品工艺数据、检验检测数据的形式与类型，发生了很大的变化。通过 MBD 技术，产品模型串联起了工业软件。工艺部门通过三维数字化工艺设计与仿真，依据基于 MBD 的三维产品设计数模建立三维工艺模型，生成零件加工、部件装配动画等多媒体工艺数据。检验部门通过三维数字化检验，依据基于 MBD 的三维产品设计数模、三维工艺模型，建立三维检验模型和检验计划。

（3）CAX 技术。CAX 技术是 CAD、CAM、CAE、CAPP、CAS、CAT、CAI 等各项技术的综合称谓。CAX 技术实际上是把多元化的计算机辅助技术集成起来协调地进行工作，从产品研发、产品设计、产品生产和流通等各个环节对产品全生命周期进行管理，实现生产和管理过程的智能化、网络化管理和控制。

4. 工业网络

经典的工业控制网络金字塔模式（自动化金字塔结构）如图 4.3（a）所示，展示了定义明晰的层级结构，信息从现场层，向上经由多个层级流入企业层。尽管这一模式得到广泛认可，但其中的数据流动并不顺畅。由于自动化金字塔结构中每层有不同的要求，这就导致了各层往往采用不同的网络技术，使得不同层级之间的兼容性较差。此外，由于 CPS 对开放互联和灵活性的要求更高，因此自动化金字塔结构越来越受到诟病。

CPS 中的工业网络技术将颠覆自动化金字塔结构的自动化控制层级，取而代之的是基于 CPS 的自动化网状结构，如图 4.3（b）所示。由于各种智能设备的引入，设备可以相互连接从而形成一个网络。每一个层面，都拥有更多的嵌入式智能和响应式控制的预测分析；每一个层面，都可以使用虚拟化控制和工程功能的云计算技术。与传统工业控制系统严格的分层结构不同，高层次的 CPS 是由低层次的 CPS 互连集成的。

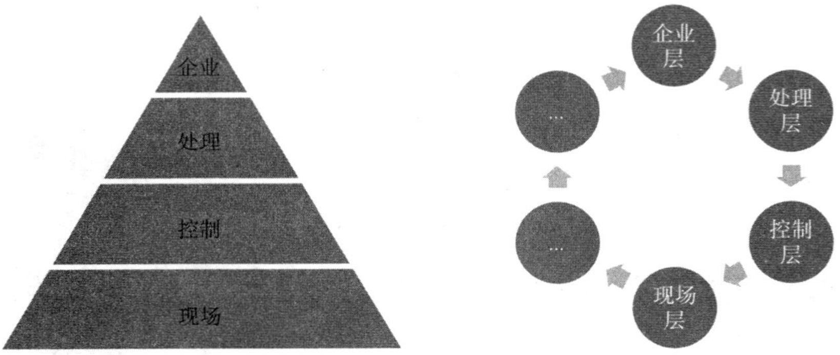

（a）　　　　（b）

图 4.3　自动化金字塔结构到自动化网状结构的转变

（a）自动化金字塔结构；（b）基于 CPS 的自动化网状结构

4.3　CPS 在制造业的应用

目前，CPS 受到制造业的广泛关注，并已在多个环节得到应用和体现。CPS 在制造业的应用场景概览如图 4.4 所示。

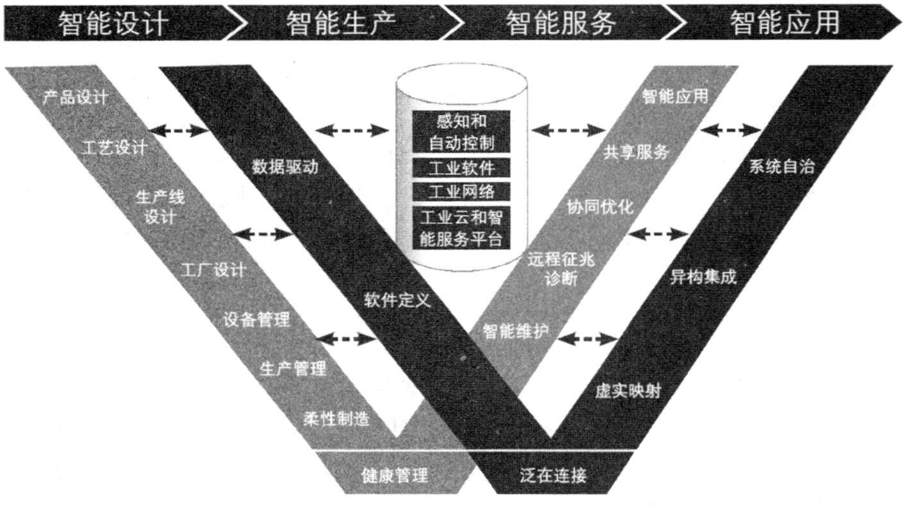

图 4.4　CPS 在制造业的应用场景概览

2013 年，《德国工业 4.0 战略计划实施建议》将 CPS 作为“工业 4.0”的核心技术，“工业 4.0”是将 CPS 结合生产制造实际形成的一套先进的制造理念。“工业 4.0”时代在充分解决了体能、效率、质量的前提下，将人类个体的经验和知识模型化、代码化、软件化，并固化在装备中，使得装备能够自感知、自分析、自决策，形成更为精准的判断，并能自控制执行。

4.3.1　智能工厂

“工业 4.0”将制造中涉及的所有参与者和资源的交互提升到一个新的社会-技术互动的

水平（a New Level of Social-Technical Interaction）。它将推动制造资源形成一个可以循环的网络（由自动化和互联的机器组成，包括生产设备、机器人、传送带、仓储系统和生产设施），并对该网络的控制具有自主性，机器配备了分散分布的传感器，实时收集海量数据，可根据不同的状况，基于生产、制造知识进行自我调控与自配置，并包含相关的计划和数字管理系统。

智能工厂不局限于企业内部，还将被植入企业之间的价值网络中，其特点是包括制造流程和制造产品的端到端工程，实现了数字世界和物理世界的无缝融合。智能工厂将会让不断复杂化的制造过程为工作人员所管理，并同时确保生产具有持续吸引力，在城市环境中具有可持续性，具有盈利能力。

知识是基于海量实时数据的决策依据。它的内容是科学技术、专家经验，是不可见的部分，被内化于各种数字管理系统工具中，是知识数字化的重要体现。

自动化和互联的机器是实现智能工厂的重要前提之一，可以用自动化手段进行数据采集，从而取代手工数据录入。机器设备可以通过传感器或电子标签不停地收集数据，并进行数据交换。一方面，一台“智能的”机器不仅可以接收和处理信息，而且可以在不需要人工参与的情况下做出决策；另一方面，“智能的”机器还指机器的智能服务和维护，可以在数据分析的基础上进行预测性的维护。总之，自动化和互联的机器在智能工厂环境下需要具备“询问、被询问”“通报、被通报”的基本功能，这也是智能服务的基本功能。

4.3.2　大规模定制

在智能工厂的环境中，所有的系统、设备和产品都是互联的，因此生产变得更加有柔性，能在较短的时间内进行调整和修改。这就可以让生产定制化的、高度可配置的产品的生产成本比肩大规模制造，这就是“工业4.0”在未来的关键竞争要素。在未来，“工业4.0”有可能将单个客户和单个产品的特定需求直接纳入产品的设计、配置、订货、计划、生产、运营和回收的各个阶段，甚至有可能在生产开始前或者就在生产过程当中，将最后一分钟的变化需求纳入进来。这将使得制造一次性的产品或者小批量的产品，也能够做到有利可图。

4.3.3　可配置的智能产品

“工业4.0”中的智能产品具有独特的可识别性，可以随时被识别，甚至在制造过程中，它们也能够知道自己在整个制造过程中的细节。这意味着，在某些领域里，智能产品能够半自主地控制自身在生产中的各个阶段。不仅如此，它们还可以确保成为成品之后按照产品参数最优地发挥作用，并且还可以在整个生命周期内了解自身的磨损和消耗程度。这些信息可以被汇集起来，从而让智能工厂能够在物流、部署和维护等方面采取相应的对策，达到最优的运行状态；也可以用于业务管理应用系统之间的集成。智能产品首先应该具有产品标识、通信和感知能力。上述细节信息的具体内容包括以下几点。

（1）产品在哪里？

（2）下一步的生产步骤是什么？

（3）需要安装什么零部件？

（4）生产时使用什么参数？

（5）产品应该用什么样的包装？

（6）产品应该发送到哪里去？

（7）之前的生产历史信息在哪里？（这包括上述问题中的零部件的安装历史、生产参数的使用等。）

4.3.4 可配置的智能设备

“工业4.0”的主要目标之一是通过计算机集成来改进生产控制，使生产控制从集中式控制变为分布式控制，其另一个目标就是导入生产设施的自我决策和优化系统。

整个生产系统是由智能设备组成的开放网络，每个智能设备都是一个智能主体，知识、信息、数据在网络中传播。

智能设备是指完成加工任务的机电一体化设备，如机床、机器人等设备，其由机械设备、机电设备和内置控制器组成，是一种执行设备。总之，智能设备是具备感知能力和判断能力的设备。

上述的智能设备应具有如下功能：

（1）需要在非结构化的环境中工作。

（2）具有判断决策和协调能力。

（3）具有自我监控和自我恢复的能力。

（4）具有和人一起工作的能力，可以保证人的安全，实现人机之间的自然交互。

4.3.5 人的角色发生改变

在“工业4.0”的环境中，人的角色也会发生改变，变得以人为中心，并且系统还能提供对人的辅助支持。

1. 以人为中心

“工业4.0”的实施将使得企业员工可以根据对形势和环境敏感的目标判断，采取对应的行动来控制、调节、配置智能制造资源网络和生产步骤。员工将从例行的任务中解脱出来，能够专注在有创新性的、高附加值的活动上。这种改变的结果是，他们将专注在关键的角色上，特别是在质量保证方面。

人的作用主要是监视、管理和决策，角色更加重要，人机协作、人机交互成为常态。随着人机协作技术的发展，协作机器人应运而生，其主要关注机器人的安全性、易用性、灵活性和智能性，使今天的机器人可以相互合作或者与人开展合作。例如，正在加工的产品可以直接从机器人传到工人的手中。

在未来，工厂将需要以人为中心（Human-Centricity），提高柔性、敏捷性和竞争力。工厂里的工人——“知识工人（Knowledge Worker）”将会通过新颖的知识学习和获取机制，被给予更多的机会以持续地开发自身的技能和能力。未来的企业可以更好地把技能传递给新一代的工人，未来的制造企业将使用交互式的电子学习工具帮助学生和新的工人获取先进的制造技术方面的知识。

2. 提供对人的辅助支持系统

在“工业 4.0”的环境中，系统可以做到足够智能，不仅可以操控和监控生产执行流程，搜集生产数据，还能够基于采集的数据进行实时分析，给工人提供实时帮助。具体方面有如下几种。

（1）供工人使用的人机界面：基于下一个生产步骤或者被扫描的产品/订单，动态刷新用户界面（User Interface，UI），从而避免工人手工进行交互。

（2）面向流程的模拟和可视化：显示可视化的辅助信息（三维图像），让工人可以更快、更好地理解工艺、变更和指令，如通过 Kinect（手势控制或语音控制）来查看工作指令。

（3）动态的工作指令：根据被生产的产品或被查看的工作站，动态地改变工作指令。

（4）工厂中以人为中心的工作环境：基于安全和舒适的原则重新进行工作设计，如在某种场合下，甚至可以用脚来操纵鼠标。

（5）动态的信息挑选、过滤和显示：基于工人的要求提供所需的信息，这样可以限制工人必须要应对的信息量，工人的请求可以通过声音发出。

（6）提前通知：在生产步骤、生产工作或产品发生改变的时候提前给工人发出通知，这样可以消除对工人的打扰，节省返工或维护的时间。

（7）动态的生产服务分配：包括注册、监控和重新调度。

4.3.6　服务驱动

“工业 4.0”的实施需要通过服务水平协议，进一步提升现有的网络基础设施的功能及网络服务质量。这将使得满足高带宽需求的数据密集型的应用变为可能，对于服务提供商来说，也可以为具有严格时间要求的应用提供运行上的保证。

“工业 4.0”有助于建立起新的商业模式，在商业合作伙伴之间进行联网和协作的背景下，为考虑客户和竞争对手状况的动态定价提供解决方案，或者是为服务水平协议的质量相关问题提供解决方案。也就是说，这种商业模式可以确保潜在的商业收益在整个价值链上所有的利益相关方之间公平地共享，包括那些新加入者。这种新的商业模式最终可能形成一个面向某一产业的数字化平台，它连接着遍布全球的机器、设备和产品，在它的上面可以创造出许多新的业务模式（例如对设备生产能力和制造数据的交易、设备的远程监控和维护、各种捆绑服务的商业模式等），也可以吸收各方面的资源（包括大企业、中小企业，甚至自由职业工作者）。

第5章

工业机器人

工业机器人的应用由来已久，是大规模生产的产物，目的是替代工人高强度的劳动或无法完成的任务。传统工业机器人的一项重要功能是在所处环境中操纵工件，为了实现这种功能和目标任务，工程师必须进行大量建模、编程、示教和设置工作以完成特定的工作任务。当特定任务或环境改变时，必须重复之前所做的准备工作，这使得传统工业机器人只能按事先约定的方式行事，这极大地限制了工业机器人的应用范围。

5.1 工业机器人

工业机器人按照 ISO 8373 定义，它是面向工业领域的多关节机械手或多自由度的机器人。工业机器人可以接受人类指挥，也可以按照预先编排的程序运行，现代的工业机器人还可以根据人工智能技术制定的纲领行动。

5.1.1 工业机器人程序编写

工业机器人运动及顺序的设定或程序编写，一般是将机器人控制器连接到笔记本电脑、台式电脑或网络（内部网络或互联网）来进行示教。一台机器人、一群机器或周边设备的集合称为工作单元或单元。典型的单元可能包含一台零件给料器、一台射出机，以及一台机器人。这些机器“整合”在一起，由计算机或 PLC 控制。一定要编写程序，规定机器人如何与单元中的其他机器互动，同时要顾及它们在单元中的位置，并且和它们协同作业。示教的两个要素：位置资料及步骤，并且和相关的 I/O 信号一起编写成程序。教导位置给机器人的方法有以下几种。

示教编程：使用 GUI（图形用户界面）或者纯文字命令指定或编辑所需的 X、Y、Z 位置；可以引导机器人到所需位置；也可以透过示教器来教导机器人位置。示教器是一个手持控制及程序编写单元，手动操纵机器人到指定位置。

拖动示教：一个使用者抓住机器人的机械臂，同时另一个人输入命令以除去机器人的动力让它变得无力。使用者接着用手将机器人移动到所需位置或沿着所需路径移动，同时软件将这些位置记录在内存里。随后程序可以运行机器人到这些位置或者使机器人沿着教导路径运行。

离线编写程序：将整个单元、机器人及工作空间里所有的机械或设备都绘制成数字模型；然后可以在屏幕上移动机器人模拟器。机器人模拟器用来建立机器人的内建应用程序，而不用靠实际操作机器臂。机器人模拟器的好处在于它节省机器人应用的设计时间；提升机器人设备的安全层级；可以在系统启动前尝试、测试各种情境。机器人模拟器提供了一个平台，对以各种编程语言撰写的程序进行示教、调试和运行。

5.1.2　工业机器人典型应用

在工业生产中，焊接机器人、喷涂机器人、激光加工机器人、搬运机器人、真空机器人等工业机器人都已被大量应用。

图 5.1 所示的焊接机器人包括六自由度机器人（焊枪附加在机器人法兰上）、转台（转台保证焊缝可见）、焊枪可达、烟气收集系统、机器人工作单元中的服务站（其定期接近并清洗气体喷嘴）。传感器安装在机器人身上，激光会在缝线上投射出一条清晰的条纹。条纹由 2D 单目 CCD 摄像机检测，从而提取出轮廓线，计算出焊缝相对于传感器的位置。

图 5.1　焊接机器人

图 5.2（a）为用于车身喷漆的多机器人工作单元，用于车身及其他零件的表面涂层。目前，油漆材料种类有溶剂型涂料、水性涂料和粉末。在汽车生产中多个机器人需要并行工作，需要优化工作节拍和喷嘴喷涂车身的可达性。喷漆枪对工艺质量至关重要；图 5.2（b）为高速旋转雾化器，其中显示了 EcoBell 喷漆枪，它的工作原理是料液油漆材料由旋转磁盘由边缘借离心力雾化喷出。

(a)　　　　　　　　　　　　　　(b)

图 5.2　用于车身喷漆的多机器人工作单元和高速旋转雾化器

图 5.3 为增量加工过程的轨迹生成。在这个例子中，金属板的成形过程是基于振荡铲除加工。图 5.3（a）表示从 CAD 模型计算获得机器人的离线轨迹。图 5.3（b）中每一行代表一个工具轨迹的一部分。图 5.3（c）表示用该工具详细显示一个演示机器人的工作单元。

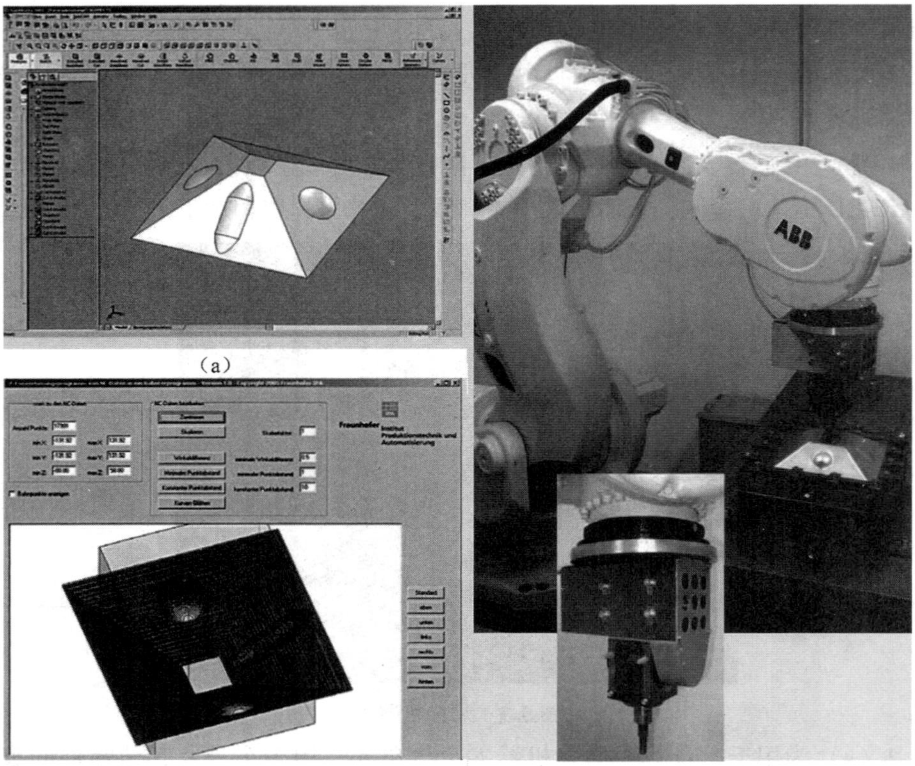

(a)　　(b)　　(c)

图 5.3　增量加工过程的轨迹生成

5.2　工业机器人任务协作化应用

工业机器人目前所处的时代背景已经发生改变，其工作任务也发生了变化，表现在从结构化环境走向半结构化或非结构化环境，从基于几何信息的应用到基于传感的半结构化应用，再到基于学习的非结构化应用。其次，任务协作化要求机器人具有工具属性，使机器人像工具一样可以随调随用，按工作者的想法，协作、辅助工作。并且这种机器人还具有一定的自主能力，可以让人将任务放心地托付给它。再者，从所使用的机器人本体的形式上，协作化应用的设备本体并不专指目前出现的协作机器人，可以是在传统工业机器人基础上的任务协作。

工业机器人任务协作化应用具有以下功能。

（1）非结构化环境下一定程度的自主工作能力。传统工业机器人的一项重要功能是在所处环境中操纵工件，为此，工业机器人任务协作化应用能使工业机器人增加视觉、力传感器使其具备环境感知能力；使工业机器人增加计算能力和智能算法，使其具备学习、判断能力，即工业机器人可以工作在非结构化环境下，具有自主的工作能力。

（2）人机共融和人机协作能力。人和机器人（人机）协作可以创造出更高的工作效率。人机协作可以发挥机器人的精确重复性能，也可以发挥人类独特的解决不精确、模糊问题的技巧与能力。

（3）基于传感信息的任务级的开发。智能时代下的工业机器人是基于传感信息的工业机器人应用，是属于任务级的开发，即事先不需要进行离线编程和示教，机器人末端的行为是实时动态规划并被执行的，只需要告诉机器人要完成什么任务，机器人就会根据实际情况动态规划路径，自动生成可执行运动指令和程序，并根据环境变化实时调整。智能时代下的工业机器人的开发环境要具有任务级的开发能力。

（4）基于 API 的编程方式，一次编程，到处使用。主流的工业机器人编程语言，如 Java、C#和 Python 等，为用户提供直观的编程方式。仿真器支持多种应用，优化工具可自动转化计算机辅助加工（CAM）程序，生成机器人程序。其独特之处在于，可以通过 Python 与应用程序接口（API）给任何机器人编程，Python 提供强大的函数工具库。这种编程工具将成为任务协作化应用的主要编程方式。

（5）拖动示教是任务协作化应用的示教方式。

5.3　工业机器人协作工作场景

5.3.1　工业机器人与工业机器人

在“工业 4.0”时代，不断发展的个性化要求将会改变生产过程。由于市场的多变性，经济上有利的小批量生产将变得越来越重要。具体说来，严峻的挑战在于，产品的品类和型号越来越多，生产的件数不断变化。矩阵式生产理念使将来在工业尺度上极具适应能力的生产过程成为可能，在整个工艺链上实现了联网。设备可以自己“飞速地”自动改装为适用于其他产品的类型，无须等待，无须停产。生产个性化的产品系列是“工业 4.0”的重要组成部分，通过矩阵式生产，可以在工业大量生产的条件下毫无限制地得以实现，如图 5.4 所示。

矩阵式生产建立在分门别类的标准化生产单元的基础上，几乎可以将任意数量的生产单元归置在一个网格上，所有的生产单元配备不依赖于产品的装备和产品特有的基本功能。在这些单元内部都有一个用于放置零件的转盘、工具架和能够执行相应工艺的工业机器人，通过工艺特有的装备可以对这些生产单元进行个性化扩展——焊接、粘接、冲压、钎焊和钉固，几乎可以整合所有工艺。

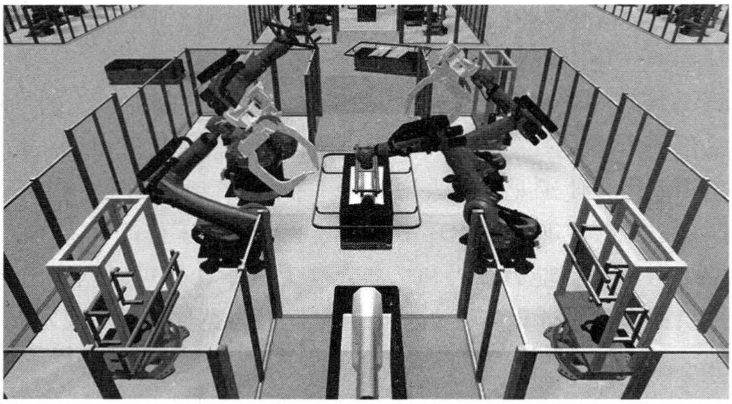

图 5.4　工业机器人与工业机器人的协作

5.3.2　工业机器人与环境设备

灵活的工业机器人单元优化了 CNC 铣削过程。借助于对接站和集成机器接口，工业机器人可将待加工工件安全精确地定位在加工中心上。可移动的单元借助轻质滚轮，可以非常容易地移动到下一个应用区域，进行对接和后续操作，将托盘装满毛坯件或半成品件以供工业机器人单元使用。小型工业机器人打开相应的抽屉，取出工件并且将其放进夹紧装置中。加工完毕后，工业机器人会将工件再次送回托盘中。在此期间，还可以访问待检测工件和查询各项参数，以保障过程的可靠性，无须中断自动化流程。

工业机器人单元包括小型工业机器人和铣削中心，它们可以开展可靠的合作，可长时间计算工件数量，并延长铣削中心的运行时间，通过采用全新的铣削工艺，不再需要后续加工流程，从而可以精简流程并且提高产品质量，如图 5.5 所示。

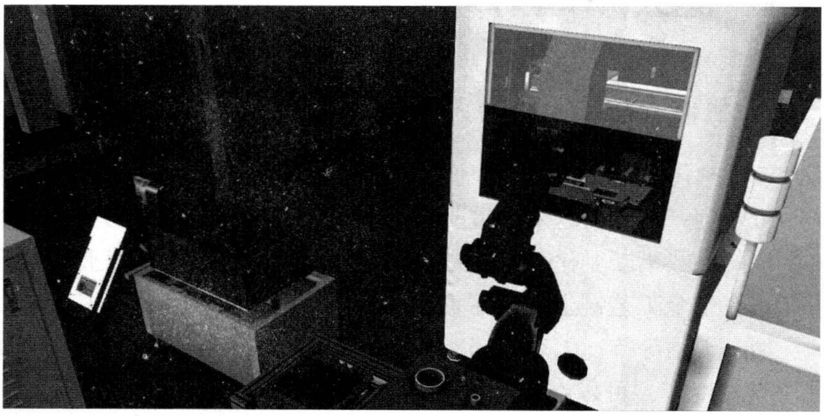

图 5.5　工业机器人和环境设备的协作

5.3.3　协作机器人与人

协作机器人是区别于工业机器人的新产品，是用来和工人一起工作的安全、易用的机器人，其目的是把工业机器人（精确）的重复性能和人类独特的技巧与能力结合起来，人类擅长解决不精确、模糊的问题，而工业机器人则在精度、力量和耐久性上占优势。协作机器人适合的场景是要求人员介入的场景，大部分涉及装配、组装。例如电子产品装配，协作机器人来放置零件，操作人员负责组装，或者汽车发动机装配，或者医疗领域，进行手术辅助，如图 5.6 所示。

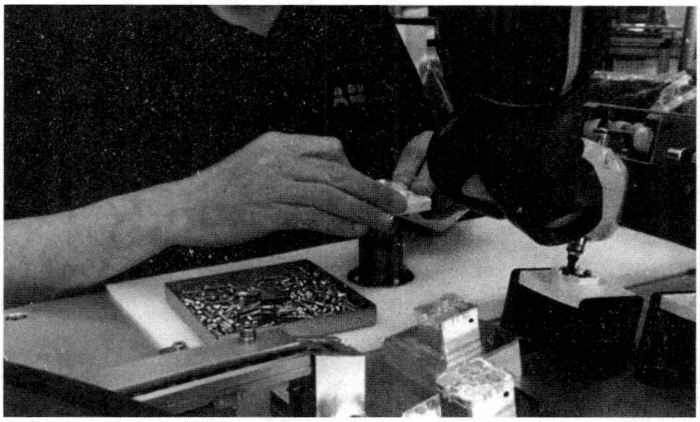

图 5.6　协作机器人与人的协作

协作机器人是从一开始就考虑降低伤害风险，可以安全地与人类进行直接交互、接触的机器人。它解决现在人们所面临的问题，从根本上区别于传统的工业机器人，是智能时代的产物，代表了工业机器人的发展方向，结合人的灵活性和工业机器人的高速、高精度来提高生产效率。

第6章

协作机器人

协作机器人（Collaborative Robot）是和人类在共同工作空间中有近距离互动的机器人。截至2010年，大部分的工业机器人是自动作业或在有限的导引下作业，因此不用考虑和人类近距离互动，其动作也不用考虑对于周围人类的安全保护，而这些都是协作机器人需要考虑的内容。

6.1 人机协作的起源

2005年，在FP6（Framework Programme 6）项目的资助下，包括ABB、KUKA等在内的企业开展研发新一代工业机器人，其目的是寻找防止劳动力离岸输出到低劳动成本国家的方法。主要的论点是，如果通过机器人技术增强SMEs的劳动力水平，降低成本，提高竞争力，就可以避免劳动力外包的情况。因此，协作机器人最初的市场就是中小企业。于是2009年第一款协作机器人UR5诞生，其外形如图6.1所示。

图6.1 UR5的外形

6.2　协作机器人的定义

《Robots and robotic devices—collabrative robots》（ISO/TS 15066：2016）中把协作机器人定义为“能够与人员在协作工作区内直接交互而设计的机器人”。从该定义可以归纳出，与传统工业机器人相比，协作机器人具有与人共享工作空间和与人直接交互的新特征。

如图 6.2 所示，其中工作区域特指机器人的工作区域；协作区域是指机器人和人共同工作的区域。工作区域包含协作区域。

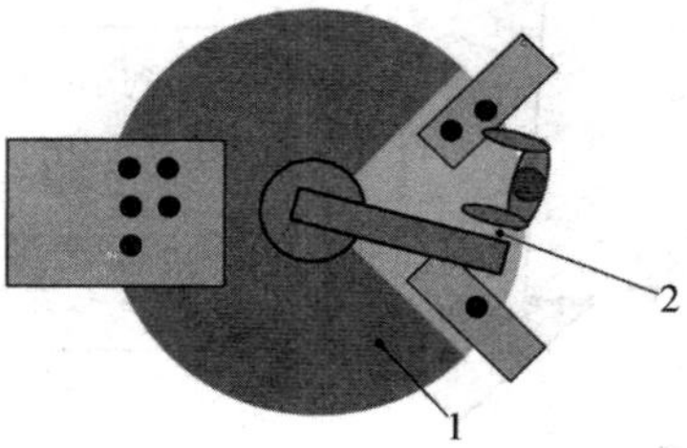

1—工作区域；2—协作区域。

图 6.2　协作机器人的定义

6.3　人机协作的安全问题

协作机器人的本质是安全性，是机器人技术发展的必经之路，也是终极目标之一，其涉及两个重要安全指标。

6.3.1　停止类别

停止类别规定了工业机器人（机电设备）三种不同安全级别的停止方式。

1. 停止类别 0

停止类别 0（又称 Stop 0）：电动机的电源切断，电动机以不受控的方式停止。在电源切断后，电动机就不断输出转矩，不过也不会输出制动转矩，因此需要靠其他方式（如机械刹车）提供刹车，以免设备非预期的拖拽或过冲超过预期停止位置。

2. 停止类别 1

停止类别 1（又称 Stop 1）：控制器控制电动机减速到停止后，再切断动力电源。这是一种受控的停止方式，工业机器人基本上会按照预先设定的轨迹完成减速。在最新的工业机器人系统中，由于安全控制器技术的使用，急停按钮触发的停止大多数属于这种停止（手动模式下除外），以保护刹车系统。

3. 停止类别 2

停止类别 2（又称 Stop 2）：完全通过伺服系统减速，停止后不切断动力电源，电动机仍处于通电状态，是完全受控的停止方式。现在工业机器人的程序停止均属于此类。

不同机器人在 Stop 0 和 Stop 1 时的刹车距离与停止时间如图 6.3 所示。

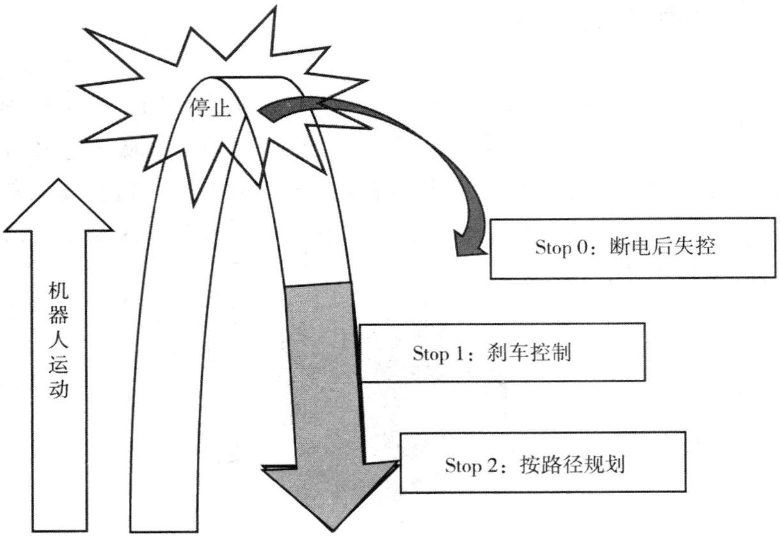

图 6.3　不同停止类别急停后的轨迹区别

6.3.2　安全完整性等级（SIL）

在《功能安全　国际标准 IEC 61508》的第四部分中，SIL 是对系统失效概率的描述，并不是某个确切的数值，描述了对于某个安全功能而言，其发生危险失效的可能性大小。SIL 只能进行定性分析，共分为 4 个级别，即 SIL1、SIL2、SIL3、SIL4，参见表 6.1。

表 6.1　不同 SIL 分级下每小时危险失效概率值

安全完整性等级	每小时发生危险失效的概率
SIL4	$\geqslant 10^{-9} \sim < 10^{-8}$
SIL3	$\geqslant 10^{-8} \sim < 10^{-7}$
SIL2	$\geqslant 10^{-7} \sim < 10^{-6}$
SIL1	$\geqslant 10^{-6} \sim < 10^{-5}$

SIL 将系统分成了两种：一种是连续操作型系统，一种是低需求型系统。对于连续操作型系统，SIL 的定义为一小时内发生危险失效的概率；对于低需求型系统来说，SIL 的定义是响应单次需求时发生危险失效的概率。

例如，主流的工业机器人控制系统都可以达到 SIL2 以上的级别，部分可以达到 SIL3。SIL2 代表的含义是，对于经常执行的安全操作来讲（频率高于 2 次/h），其在 1 h 内发生危险失效的概率要小于 10^{-6}。也就是说，在工业机器人里，急停按钮就是安全相关的部件，假设 1 h 拍 2 次，至少要连续拍 56 年才会出现一次拍了急停按钮，工业机器人没有停止的情况。

6.4　协作机器人安全标准

在市场上销售的机器人必须要遵守各种各样的设计与安全规范。对于协作机器人来讲，最重要的一个规范是在 2016 年 3 月发布的文件——《ISO 15066 Robots and robotic devices — Collaborative robots》（以下简称《ISO 15066》）。《ISO 15066》的主要内容及其在规范中的对应章节如表 6.2 所示。

表 6.2　《ISO 15066》的主要内容及对应章节

内容	对应章节
术语和定义	3
协作机器人系统设计	4.2
危害识别与风险评估	4.3
协作工作空间设计	5.3
人机协作方式（4 种）	5.5
安全验证	6
接触力阈值	附录 A

6.4.1　《ISO 15066》为机器人行业解答的问题

《ISO 15066》为机器人行业解答了以下几个问题。

（1）如何定义人机协作行为？

（2）如何量化工业机器人可能对人造成的伤害？

（3）在以上基础上，对协作机器人的设计有什么要求？

6.4.2　《ISO 15066》规范的主要内容

1. 协作对象

由于现在的工业机器人无法独立完成任务，必须安装适当的末端工具，增加必要的外部辅助设施以构成机器人工作站才能正常工作，因此我们说的协作，并不是工业机器人与人之间的协作，而是机器人系统与人之间的协作。机器人系统的概念包括：工业机器人，末端执行器，其他用来支持工业机器人完成任务的传感器、设备、机械设施，以及外部轴等；在任何一个有关工业机器人安全的规范中，对于风险评估环节的描述，其对象都是机器人系统，这个要求对于协作机器人来讲也是一样的。

2. 人机协作方式

表 6.3 所示为 4 种人机协作方式及相应安全措施。

表6.3　4种人机协作方式及相应安全措施

章节	4种人机协作方式	安全措施
5.5.2	安全级监控停止	当操作者处于协作区域时，禁止机器人运动
5.5.3	手动引导	仅通过操作者直接输入来控制机器人运动
5.5.4	速度和距离监控	机器人仅当距离大于最小安全距离时才运动
5.5.5	功率和力限制	人机接触发生时，机器人仅能施加受限的准静态和动态压力

按照协作程度从低到高，《ISO 15066》提出了四种人机协作方式，分别如下。

（1）安全级监控停止。该功能用来确保人员进入协作区域并与机器人系统交互和完成特定任务（比如将工具安装到末端执行器）前，工业机器人能停止动作。如果协作区域内没有人员，工业机器人可以工作在非协作状态，否则就必须触发该功能使得工业机器人停止运动，随后操作者才可以进入协作区域，其中最重要的是当操作者和工业机器人同时接近或处于协作区域时触发保护性停止操作。

（2）手动引导。在手动引导操作中，操作者使用手动操作设备来传送工业机器人运动指令。在操作者被允许进入协作区域实施手动引导任务之前，机器人需要先处于安全监控级停止状态。任务的执行需要通过手动触发安装在工业机器人末端的执行器或者靠近末端执行器的手动引导设备。手动引导操作流程如下：

①操作者被允许进入协作区域前应触发工业机器人安全级监控停止，为手动引导做好准备。

②当操作者开始使用手动引导装置控制工业机器人时，安全级监控停止接触，操作者开始引导工业机器人工作。

③当操作者释放手动引导装置时，应触发安全级监控停止。

④当操作者离开协作区域后，机器人系统可以继续非协作正常操作。《ISO 15066》中还对引导装置的安装位置等提出了一些考虑因素，其主旨是方便操作者近距离直接观察工业机器人运动，不引入其他附加的危害隐患。从目前协作机器人的产品来看，手动引导设备安装在工业机器人末端、手肘，或者允许用户直接把持的末端执行器上。

（3）速度和距离监控。在该人机协作方式中，机器人系统和操作者可同时在协作区域内动作。在任何时间都要确保操作者与工业机器人之间处于保护性的安全距离以外，在工业机器人运动期间不得小于该安全距离，由此来降低安全风险。当减小至该安全距离以内时，工业机器人应当立即停止。当操作者远离后，机器人系统能自动继续原工作任务，同时仍然保持满足最小安全距离的条件。另外，如果工业机器人降低了运动速度，该安全距离也相应减小。当机器人系统中存在危险部件与任何人员之间的距离小于该安全距离时，机器人系统应当触发保护停止，以及机器人系统相连的安全级功能，例如关闭所有可能造成危险的工具。工业机器人可使用的降低违反安全距离风险的方法包括但不限于以下几种。

①降低速度，然后可能会切换到安全级监控停止状态。

②选择一个不违反最小安全距离的路径，在保持速度和距离监控功能激活的情况下继续

运动。

③当实际距离达到或者超过最小安全距离后，工业机器人可恢复到正常运动状态。最小安全距离的计算最早见于《ISO 13855》，其中规定静止机器和工具的最小安全保护距离 C 应当按照式（6.1）计算。其中 v 表示人体的靠近速度，T 表示系统停止时间，这些数值一般由机器生产商给出，《ISO 15066》的早期草案版本进一步细化为式（6.2）。

$$S = vT + C \tag{6.1}$$

$$S = v_H T_R + v_H T_S + v_R T_R + B + C + Z_R + Z_S \tag{6.2}$$

式（6.2）与式（6.1）相比最大区别在于以下 3 点：

a）工业机器人和人均视作运动物体，都有自己的速度和动作时间。

b）增加了工业机器人的刹车距离。

c）考虑了传感器探测人员和工业机器人时的位置误差（分别为 Z_S 和 Z_R）。

但这种计算方法只能作为近似计算，因为该公式假设人和工业机器人运动速度与时间呈线性关系。为此，现行安全规范《ISO 15066》采用式（6.3）这一较为全面的计算方法，把工业机器人运动和人行走速度等考虑成随时间可变的情况，比式（6.1）和式（6.2）更加合理。

$$S(t_0) \geqslant \left(\int_{t_0}^{t_0+T_R+T_S} v_H(\tau)\,\mathrm{d}\tau\right) + \left(\int_{t_0}^{t_0+T_R} v_R(\tau)\,\mathrm{d}\tau\right) + \int_{t_0+t_R}^{t_0+T_R+T_S} v_S(\tau)\,\mathrm{d}\tau + (C + Z_S + Z_R) \tag{6.3}$$

（4）功率和力限制。协作机器人可以检测到外围的碰撞或者挤压，在装配时不会由于人员的意外介入对人体造成伤害。这种人机协作方式从某种意义上说是更为本质、更为高级、更为安全的协作功能，即对工业机器人本身所能输出的能力和力进行限制，从根源上避免伤害事件的发生。对工业机器人所输出的功率和力进行限制，可以保证人在工业机器人旁边安全的工作，同时不降低工业机器人的工作效率，不增加应用成本，这是当前主流协作机器人都应具备的重要功能。功率和力限制的示意图如图 6.4 所示。

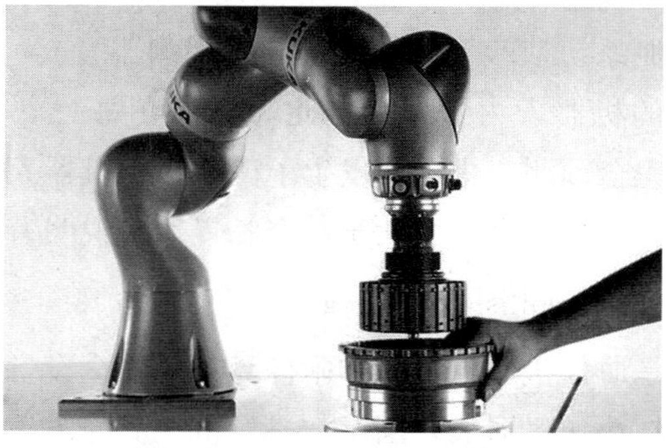

图 6.4　功率和力限制的示意

功率和力限制的人机协作方式不同于前 3 种方式，其目的在于从更加底层和根本上限制工业机器人对人员的伤害程度，这也是区分传统工业机器人与协作机器人的最明显特征。功率和力限制是为应对人员和包括工件在内的整个机器人系统发生有意或无意物理接触的情况。它要求机器人系统经过特殊设计来满足该要求。上文提到的另外 3 种人机协作方式，传统工业机器人经过改装后也可实现，但这一条通常是不满足的。这是因为现有工业机器人一般都是大惯量、重载和高速运动，其输出功率和力远远超过标准要求。在该人机协作方式下，操作者与机器人系统的接触可能发生如下几种情况。

①生产需要，属于整个应用过程的一部分，有意或计划内的接触。

②意外发生的接触，可能是没有遵循操作步骤导致的，但不是技术故障。

③系统技术失效导致出现的人机接触。工业机器人运动部件与人体可能出现的接触被分为两类：一类是准静态接触，这包括人体在机器人系统运动部件间的挤压或碰撞。在这种情况下，机器人系统将会在情况解除前对被困人体部分持续施加一定时间的力。另一类是瞬态接触，也被称作动态冲击，人体被机器人系统的移动部件所撞击，但人体不会像第一种情况那样被机器人系统夹住或困住，而是一个相对短时的接触；瞬态接触依赖于工业机器人和人体的惯量，以及相对速度的大小。

《ISO 15066》中给出了协作机器人功率和力限制的具体阈值。对此研究的前提是这些功率和力限制的数值大小可以通过基于人体在碰撞发生时产生疼痛感的阈值来确定。关于这些阈值，可以采用人体模型来确定人体不同部位的压力和力的限制数值。从中可以得出的结论为不同人体部位所对应的最大挤压力和碰撞力是不同的，瞬态接触通常按准静态接触的两倍处理，其具体数值可在《ISO 15066》的附录 A 中查询。

6.5 安全措施

根据以上 4 种人机协作方式，实现安全措施的策略主要有以下两类。

1. 碰撞后的策略（Post-collision Strategy）

碰撞后的策略：这种方法不需要任何其他外部传感器，而仅依赖于机器人的内部功能。借助动力学模型（包括刚体动力学，关节弹性和运动行为）和内部传感器测量值，机器人可以立即检测到碰撞（控制系统依赖于“非线性干扰观测器”）。监测碰撞的方式是建立一个外力观测器，建立准确的机器人力学模型，此时施加在每一个 Link 上的力矩是已知的，机器人本身的运动可以被完全预测。机器人发生了碰撞时，机器人的实际运动和通过数学模型预测出来的运动不一样，并且这个外力大于某个临界值，说明有外力作用在机器人上。

2. 防止碰撞的策略（Pre-collision Strategy）

防止碰撞的策略关键是协作机器人自身和附件具备的安全设备来探测人员的存在。目前来看，这一功能主要通过在协作机器人外围增加摄像机、激光雷达等设备来实时监测协作区域内有无人员，以此来触发协作机器人的启动和停止。表 6.4 给出了目前协作机器人安全解决方案的总结概述，包括主要目标，安全目标，系统软、硬件和设备等信息。

表 6.4　协作机器人安全解决方案

主要目标	安全目标	系统软件	系统硬件	设备	动作
分离人机工作区	操作人员行为允许	无算法	警报信号	声光电警示信号	无动作
			访问允许	防护链、栏杆	
	机器人行为通报	基本控制算法	主动防护系统 被动防护系统	内部锁定 接近传感器 触觉传感器	机器人动作停止或减速
人机共用同一工作区间	碰撞损害定量分析	无算法	评估疼痛可忍受区间值	人类肢体仿真系统	机器人动作停止或减速
			评估受伤程度	标准汽车碰撞系统	
	碰撞伤害最小化 人机接触最优化	无算法	合成机械缓冲系统	弹性皮肤	
				弹性吸收缓冲系统	
			轻质结构	轻质碳纤维 铝合金	
		碰撞探测安全策略	传感皮肤	触觉传感器	
			事先感知	编码器	
			RGB-D 摄像机与传感器集成	力传感器 RGB-D 深度摄像机	
	避免碰撞	碰撞前安全策略	运动捕捉	球面几何学模型	
			本地信息传感器	IR-LED 电容、超声波传感器	
			测距系统	测距摄像机	
				ToF 激光传感器	
			测距系统和摄像机集成系统	标准 CCD 摄像机和测距传感器集成	
			RGB-D 摄像机	一台或多台 RGB-D 摄像机	

第 7 章

工业机器人位姿

工业机器人位姿是机器人的一个重要概念，工业机器人的位姿描述与坐标变换是进行工业机器人运动学和动力学分析的基础，矩阵是其基本数学知识。运用位姿描述与坐标变换有利于理解各类坐标系及它们之间的关系，例如，大地坐标、用户坐标、工具坐标、本地坐标、摄像机坐标、世界坐标、像素坐标和成像坐标等。

7.1 位置与姿态

1. 刚体立姿

刚体位置与姿态表示物体在环境中的位置和方向，如工业机器人末端工具相对于法兰盘的位姿，而位姿描述的物体包括机器人工具、摄像机、工件、障碍物等。图 7.1 所示为工具具有相同位置，但方向各不同；图 7.2 所示为工具坐标系和法兰坐标系之间的关系。

图 7.1　工具具有相同位置，但方向不同

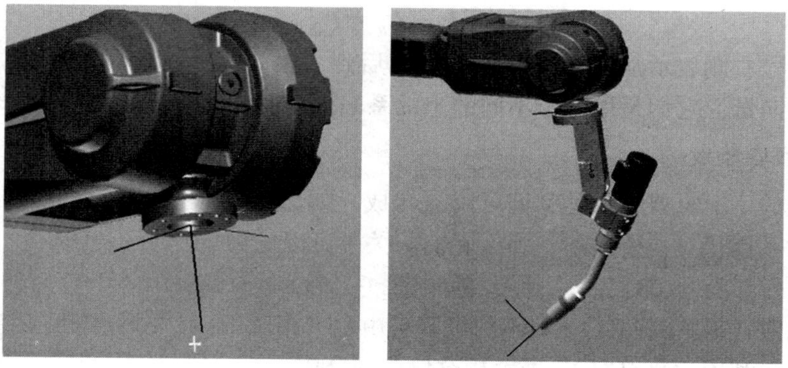

图 7.2　工具坐标系和法兰坐标系之间的关系

2. 点的位置向量

空间中的点是数学中一个熟悉的概念，它可以被描述为一个坐标向量，也被称为一个约束向量，如图 7.3（a）所示。坐标向量表示点相对于某个参考坐标系的位移。一个坐标系是由一组正交轴构成的，这些轴相交于一个被称为原点的点。

假设物体是刚性的，则可认为：组成物体的一组点相对于物体坐标系保持固定的相对位置，如图 7.3（b）所示。表示物体位置和方向时并不是描述其上单独的点，而是用该物体坐标系的位置和方向来描述。物体坐标系的标记形如 $\{B\}$，其坐标轴为 x_B、y_B。图 7.3（a）中点 P 由一个相对于绝对坐标系的坐标向量表示。图 7.3（b）这些点是用相对于物体坐标系 $\{B\}$ 坐标向量表示。

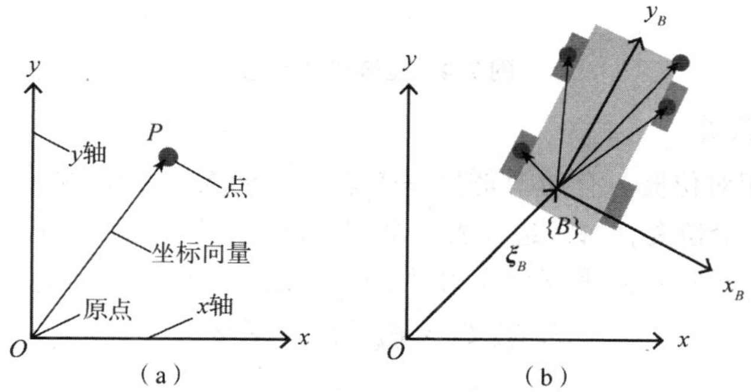

图 7.3　位姿描述的示意

3. 相对位姿

坐标系的位置和方向总称为位姿，用符号 $\boldsymbol{\xi}$ 表示，即一个坐标系相对于另一个参考坐标系的相对位姿。图 7.4（a）显示了两个坐标系 $\{A\}$、$\{B\}$，以及 $\{B\}$ 相对于 $\{A\}$ 的相对位姿 ${}^A\boldsymbol{\xi}_B$。在 ${}^A\boldsymbol{\xi}_B$ 中前面的上标表示参考坐标系，下标表示被描述的坐标系。${}^A\boldsymbol{\xi}_B$ 描述了对 $\{A\}$ 施加平移和旋转，使它转化为 $\{B\}$ 的一组动作。如果没有初始上标，默认位姿的变化是相对于用 $\{O\}$ 表示的世界坐标系的，即绝对坐标。

4. 点在不同坐标系下的转换

在图 7.4（a）中的点 P 可用任何一个坐标系表示。用公式表示为

$$ {}^{A}\boldsymbol{P} = {}^{A}\boldsymbol{\xi}_{B} \cdot {}^{B}\boldsymbol{P} \tag{7.1} $$

上式中等号右侧表示从 $\{A\}$ 到 $\{B\}$，然后到 P 的动作。运算符“ • ”将一个向量转换为一个新的向量，它们是用一个不同的坐标系来描述的相同点。

5. 相对位姿合成

相对位姿的一个重要特点是它们可以被合成。如图 7.4（b）所示，如果一个坐标系可以被其他坐标系用相对位姿描述，那么它们的关系可以记为

$$ {}^{A}\boldsymbol{\xi}_{C} = {}^{A}\boldsymbol{\xi}_{B} \oplus {}^{B}\boldsymbol{\xi}_{C} \tag{7.2} $$

上式可以表述为 $\{C\}$ 相对于 $\{A\}$ 的位姿可由 $\{B\}$ 相对于 $\{A\}$ 的位姿和 $\{C\}$ 相对于 $\{B\}$ 的位姿合成得到。利用运算符“$\oplus$”表示相对位姿的合成。

图 7.4（a）中点 P 既可以用相对于坐标系 $\{A\}$ 的坐标向量表示，又可以用相对于坐标系 $\{B\}$ 的坐标向量表示。坐标系 $\{B\}$ 相对于坐标系 $\{A\}$ 的位姿记作 ${}^{A}\xi_{B}$。

图 7.4（b）中点 P 可以用相对于坐标系 $\{A\}$、$\{B\}$ 或 $\{C\}$ 的坐标向量表示。这些坐标系用相对位姿描述，在这种情况下，点 P 可被表示为

$$ {}^{A}\boldsymbol{P} = ({}^{A}\boldsymbol{\xi}_{B} \oplus {}^{B}\boldsymbol{\xi}_{C}) \cdot {}^{C}\boldsymbol{P} \tag{7.3} $$

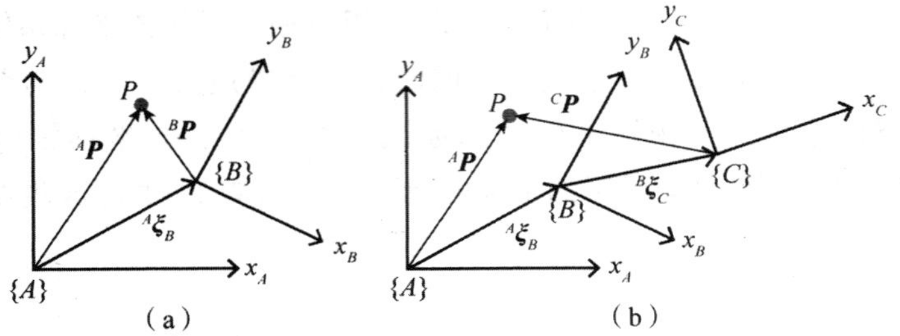

图 7.4　位姿描述示意

6. 位姿的代数运算

（1）用图表示相对位姿。有向图是另一个表示空间关系的方式，如图 7.5 所示。图中的每个节点都代表一个位姿，每条边代表一个相对位姿。从 X 到 Y 的箭头记作 ${}^{X}\boldsymbol{\xi}_{Y}$，表示 Y 相对于 X 的位姿。用运算符$\oplus$来复合成相对位姿，则图 7.5 中的空间关系为

$$ \begin{gathered} \boldsymbol{\xi}_{F} \oplus {}^{F}\boldsymbol{\xi}_{B} = \boldsymbol{\xi}_{R} \oplus {}^{R}\boldsymbol{\xi}_{C} \oplus {}^{C}\boldsymbol{\xi}_{B} \\ \boldsymbol{\xi}_{F} \oplus {}^{F}\boldsymbol{\xi}_{R} = \boldsymbol{\xi}_{R} \end{gathered} \tag{7.4} $$

式（7.4）中的每个方程表示了图中的一个闭环。方程等号两侧的每一边各表示一条网络的通路，即一组按照从头到尾顺序连接的边（箭头线）。等式两边的起始节点和结束节点必须相同。

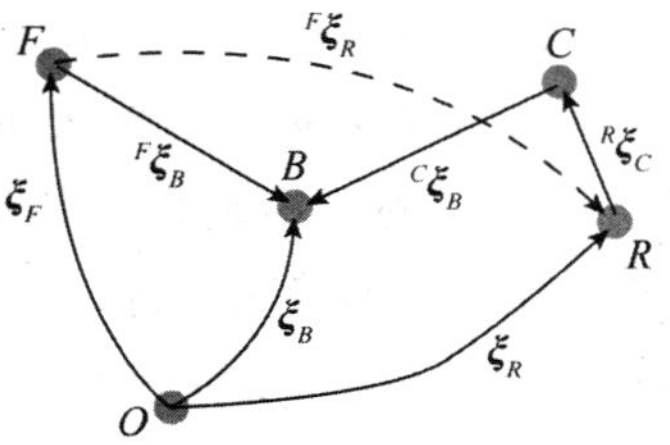

图 7.5　有向图的空间关系表示示例

（2）位姿代数运算规则如下：

①$\mathbf{0}$（零位姿）表示一个零相对位姿，它的代数运算规则为

$$\boldsymbol{\xi} \oplus \mathbf{0} = \boldsymbol{\xi},\ \boldsymbol{\xi} \odot \mathbf{0} = \boldsymbol{\xi}$$

$$\boldsymbol{\xi} \odot \boldsymbol{\xi} = \mathbf{0},\quad \ominus \boldsymbol{\xi} \oplus \boldsymbol{\xi} = \mathbf{0}$$

②一个位姿的逆位姿为

$$\odot\, {}^{X}\boldsymbol{\xi}_{Y} = {}^{Y}\boldsymbol{\xi}_{X}$$

③相对位姿复合为

$${}^{X}\boldsymbol{\xi}_{Y} \oplus {}^{Y}\boldsymbol{\xi}_{Z} = {}^{X}\boldsymbol{\xi}_{Z}$$

总结如下：

（1）一个点用坐标向量来表示其位置。(点的向量表示)

（2）一个刚体可以用单独一个坐标系描述。(刚体的坐标表示)

（3）一个物体在坐标系中的位置和方向称为它的位姿。(物体位姿)

（4）一个相对位姿表示一个坐标系相对于另一个坐标系的位姿，记作 $\boldsymbol{\xi}$。（相对位姿）

（5）一个点可以用不同坐标系中的不同坐标向量来描述，坐标向量之间通过坐标系相对位姿来转换，其运算符为“•”。(点的变换)

（6）用相对位姿写成的代数表达式是可以进行代数运算的。(坐标的变换)

7.2　二维空间姿态描述

二维平面笛卡儿坐标系由水平的 x 轴和竖直的 y 轴组成，其交点称为原点。平行于坐标轴的单位向量用 $\hat{\boldsymbol{x}}$、$\hat{\boldsymbol{y}}$ 表示。坐标系中的点用坐标（x，y）表示，或者写为有向向量的形式，即

$$\boldsymbol{P} = x\hat{\boldsymbol{x}} + y\hat{\boldsymbol{y}} \tag{7.5}$$

在图 7.6 中的一个坐标系 $\{B\}$，用参照坐标系 $\{A\}$ 来描述它。$\{B\}$ 的原点被向量 $\boldsymbol{t}=(x,\ y)$ 取代，然后逆时针旋转一个角度 θ 。因此，位姿的一个具体表示就是 ${}^{A}\boldsymbol{\xi}_{B} \sim (x,\ y,\ \theta)$，使用符号 ~ 表示这两种表示是等价的。但这种表现方法不便于复合，因为 $(x_1,\ y_2,\ \theta_3) \oplus (x_1,\ y_2,\ \theta_3)$ 两边都是复杂的三角函数，所以，需要考虑一种不同的方法表示旋转。该方法是考虑任意一个点 $\boldsymbol{P}$ 相对于每个坐标系的坐标向量，并确定 ${}^{A}\boldsymbol{P}$、${}^{B}\boldsymbol{P}$ 之间的关系。将问题分成旋转和平移两部分。

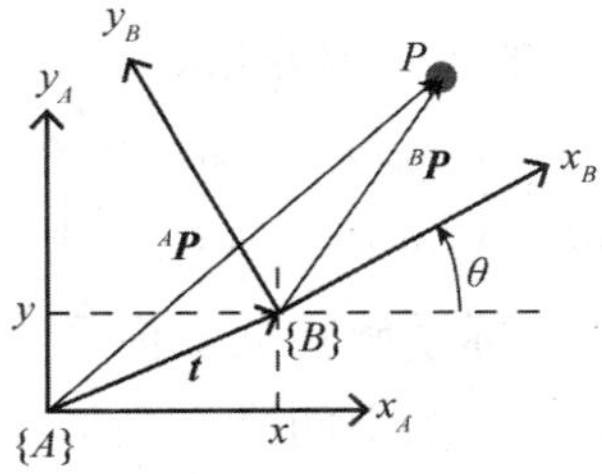

图 7.6　$\{B\}$ 相对于 $\{A\}$ 的示意

7.2.1 位姿旋转

考虑旋转的情况，创建一个新坐标 $\{V\}$，其坐标轴平行于坐标系 $\{A\}$ 的轴，但其原点与坐标系 $\{B\}$ 的原点重合，如图 7.7 所示。根据式（7.5）可知，将点 P 用 $\{V\}$ 中定义坐标轴的单位向量表示为

$$\begin{aligned} {}^{V}P &= {}^{V}x\hat{\boldsymbol{x}}_V + {}^{V}y\hat{\boldsymbol{y}}_V \\ &= (\hat{\boldsymbol{x}}_V,\ \hat{\boldsymbol{y}}_V)\begin{pmatrix} {}^{V}x \\ {}^{V}y \end{pmatrix} \end{aligned} \tag{7.6}$$

上式被写成一个行向量和一个列向量的点积。

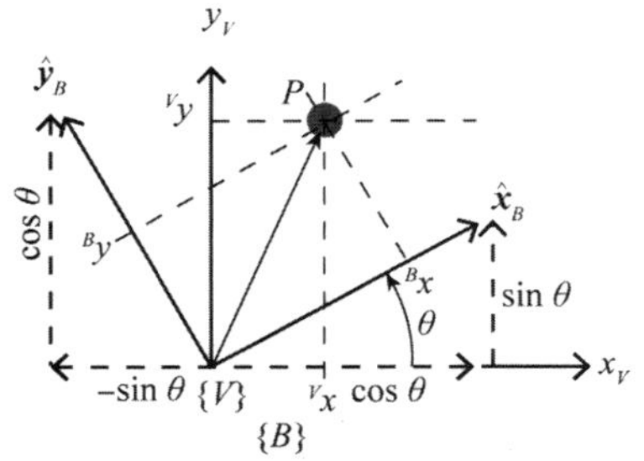

图 7.7　二维平面中旋转后的坐标系图

坐标系 $\{B\}$ 可以用它的两个坐标轴表示，这里用两个单位向量代表，即

$$\begin{aligned} \hat{\boldsymbol{x}}_B &= \hat{\boldsymbol{x}}_V\cos\theta + \hat{\boldsymbol{y}}_V\sin\theta \\ \hat{\boldsymbol{y}}_B &= -\hat{\boldsymbol{x}}_V\sin\theta + \hat{\boldsymbol{y}}_V\cos\theta \end{aligned} \tag{7.7}$$

上式用矩阵形式可以分解为

$$(\hat{\boldsymbol{x}}_B,\ \hat{\boldsymbol{y}}_B) = (\hat{\boldsymbol{x}}_V,\ \hat{\boldsymbol{y}}_V)\begin{pmatrix} \cos\theta & -\sin\theta \\ \sin\theta & \cos\theta \end{pmatrix} \tag{7.8}$$

用式（7.5）将点 P 在坐标系 $\{B\}$ 中表示为

$${}^{B}\boldsymbol{P} = {}^{B}x\hat{\boldsymbol{x}}_B + {}^{B}y\hat{\boldsymbol{y}}_B = (\hat{\boldsymbol{x}}_B,\ \hat{\boldsymbol{y}}_B)\begin{pmatrix} {}^{B}x \\ {}^{B}y \end{pmatrix} \tag{7.9}$$

代入式（7.8）得

$${}^{B}\boldsymbol{P} = (\hat{\boldsymbol{x}}_V,\ \hat{\boldsymbol{y}}_V)\begin{pmatrix} \cos\theta & -\sin\theta \\ \sin\theta & \cos\theta \end{pmatrix}\begin{pmatrix} {}^{B}x \\ {}^{B}y \end{pmatrix} \tag{7.10}$$

令式（7.6）和式（7.10）各自右侧的系数部分相等，可得

$$\begin{pmatrix} {}^{V}x \\ {}^{V}y \end{pmatrix} = \begin{pmatrix} \cos\theta & -\sin\theta \\ \sin\theta & \cos\theta \end{pmatrix}\begin{pmatrix} {}^{B}x \\ {}^{B}y \end{pmatrix} \tag{7.11}$$

式（7.11）描述了点如何通过坐标系旋转从坐标系 $\{B\}$ 变换到坐标系 $\{V\}$。这种类型的矩阵称为旋转矩阵（因本节是在二维空间进行坐标系转换，所以此处的旋转矩阵为二维旋转矩阵），记作 ${}^{V}\boldsymbol{R}_B$，即

$$\begin{pmatrix} {}^{V}x \\ {}^{V}y \end{pmatrix} = {}^{V}R_{B}\begin{pmatrix} {}^{B}x \\ {}^{B}y \end{pmatrix} \tag{7.12}$$

旋转矩阵 ${}^{V}\boldsymbol{R}_{B}$ 具有一些特殊的属性。

(1) 正规化（也称为标准正交），因为它的每列都是单位向量且相互正交的。

(2) 它的行列式是+1，这意味着其属于特殊的二维正交群，或 ${}^{V}\boldsymbol{R}_{B} \in SO(2) \subset \mathbf{R}^{2\times 2}$［$SO(2)$ 为特殊二维正交群］。而单位行列式还意味着一个向量在变换后的长度是不变的，即 $|{}^{B}\boldsymbol{P}| = |{}^{V}\boldsymbol{R}|$，对于 $\forall\theta$ 都成立。

(3) 正交矩阵 $({}^{V}\boldsymbol{R}_{B})^{-1} = ({}^{V}\boldsymbol{R}_{B})^{\mathrm{T}}$，即它的逆矩阵和转置矩阵相同，于是有

$$\begin{pmatrix} {}^{B}x \\ {}^{B}y \end{pmatrix} = ({}^{V}\boldsymbol{R}_{B})^{-1}\begin{pmatrix} {}^{V}x \\ {}^{V}y \end{pmatrix} = ({}^{V}\boldsymbol{R}_{B})^{\mathrm{T}}\begin{pmatrix} {}^{V}x \\ {}^{V}y \end{pmatrix} = {}^{B}R_{V}\begin{pmatrix} {}^{V}x \\ {}^{V}y \end{pmatrix} \tag{7.13}$$

7.2.2　位姿平移旋转

描述位姿的第二部分就涉及图 7.12 所示的各坐标系原点的平移。由于坐标系 $\{V\}$ 和 $\{A\}$ 的轴是平行的，所以可以简单地进行向量相加，即

$$\begin{pmatrix} {}^{A}x \\ {}^{A}y \end{pmatrix} = \begin{pmatrix} {}^{V}x \\ {}^{V}y \end{pmatrix} + \begin{pmatrix} x \\ y \end{pmatrix} = \begin{pmatrix} \cos\theta & -\sin\theta \\ \sin\theta & \cos\theta \end{pmatrix}\begin{pmatrix} {}^{B}x \\ {}^{B}y \end{pmatrix} + \begin{pmatrix} x \\ y \end{pmatrix} = \begin{pmatrix} \cos\theta & -\sin\theta & x \\ \sin\theta & \cos\theta & y \end{pmatrix}\begin{pmatrix} {}^{B}x \\ {}^{B}y \\ 1 \end{pmatrix}$$

$$\begin{pmatrix} {}^{A}x \\ {}^{A}y \\ 1 \end{pmatrix} = \begin{pmatrix} {}^{A}\boldsymbol{R}_{B} & \boldsymbol{t} \\ \boldsymbol{O}_{1\times 2} & 1 \end{pmatrix}\begin{pmatrix} {}^{B}x \\ {}^{B}y \\ 1 \end{pmatrix} \tag{7.14}$$

其中，$\boldsymbol{t} = (x,\ y)$ 代表坐标系的平移变换，而坐标系旋转变换用 ${}^{A}\boldsymbol{R}_{B}$ 表示。因为 $\{V\}$ 和 $\{A\}$ 的轴是平行的，所以 ${}^{A}\boldsymbol{R}_{B} = {}^{V}\boldsymbol{R}_{B}$。将点 P 的坐标向量用齐次形式表达为

$${}^{A}\boldsymbol{P} = \begin{pmatrix} {}^{V}\boldsymbol{R}_{B} & \boldsymbol{t} \\ \boldsymbol{O}_{1\times 2} & 1 \end{pmatrix}{}^{B}\boldsymbol{P} = {}^{A}\boldsymbol{T}_{B}{}^{B}\boldsymbol{P} \tag{7.15}$$

式中，${}^{A}\boldsymbol{T}_{B}$ 称为齐次变换矩阵（变换矩阵）。这个矩阵有一个非常特殊的结构，并且属于特殊的二维欧几里得群（二维欧式群），即 ${}^{A}\boldsymbol{T}_{B} \in SE(2) \subset \mathbf{R}^{3\times 3}$［$SE(2)$ 为特殊二维欧式群］。

通过与式 (7.1) 的比较，很显然 ${}^{A}\boldsymbol{T}_{B}$ 代表了相对位姿，即

$$\boldsymbol{\xi}(x,\ y,\ \theta) \sim \begin{pmatrix} \cos\theta & -\sin\theta & x \\ \sin\theta & \cos\theta & y \\ 0 & 0 & 1 \end{pmatrix} \tag{7.16}$$

相对位姿 $\boldsymbol{\xi}$ 的一种具体表示是 $\boldsymbol{\xi} \sim \boldsymbol{T} \in SE(2)$，以及 $\boldsymbol{T}_{1} \oplus \boldsymbol{T}_{2} = T_{1}T_{2}$，这是标准的矩阵乘法，即

$$\boldsymbol{T}_{1}\boldsymbol{T}_{2} = \begin{pmatrix} \boldsymbol{R}_{1} & \boldsymbol{t}_{1} \\ \boldsymbol{O}_{1\times 2} & 1 \end{pmatrix}\begin{pmatrix} \boldsymbol{R}_{2} & \boldsymbol{t}_{2} \\ \boldsymbol{O}_{1\times 2} & 1 \end{pmatrix} = \begin{pmatrix} \boldsymbol{R}_{1}\boldsymbol{R}_{2} & \boldsymbol{t}_{1} + \boldsymbol{R}_{1}\boldsymbol{t}_{2} \\ \boldsymbol{O}_{1\times 2} & 1 \end{pmatrix} \tag{7.17}$$

7.3 三维空间姿态描述

在二维坐标系上增加一个额外的坐标轴，通常用 z 表示，它同时与 x 轴 y 轴正交。z 轴的方向服从右手原则，并构成右手坐标系。与各坐标轴平行的单位向量记作 $\hat{\boldsymbol{x}}$、$\hat{\boldsymbol{y}}$、$\hat{\boldsymbol{z}}$，即

$$\hat{\boldsymbol{z}} = \hat{\boldsymbol{x}} \times \hat{\boldsymbol{y}},\ \hat{\boldsymbol{x}} = \hat{\boldsymbol{y}} \times \hat{\boldsymbol{z}},\ \hat{\boldsymbol{y}} = \hat{\boldsymbol{z}} \times \hat{\boldsymbol{x}}$$

$$\boldsymbol{P} = x\hat{\boldsymbol{x}} + y\hat{\boldsymbol{y}} + z\hat{\boldsymbol{z}} \tag{7.18}$$

图 7.8 展示了一个相对于参考坐标系 $\{A\}$ 的坐标系 $\{B\}$。可以清楚地看到 $\{B\}$ 的原点通过向量 $\boldsymbol{t} = (x,\ y,\ z)$ 进行平移，然后再通过某种复杂的方式进行了旋转。正如二维的情况，表示坐标系之间的方向是非常重要的，做法还是从相对于每个坐标系的任意一点 P 出发，然后再确定 ${}^{A}\boldsymbol{P}$ 和 ${}^{B}\boldsymbol{P}$ 之间的关系。仍然从旋转和平移两方面考虑。

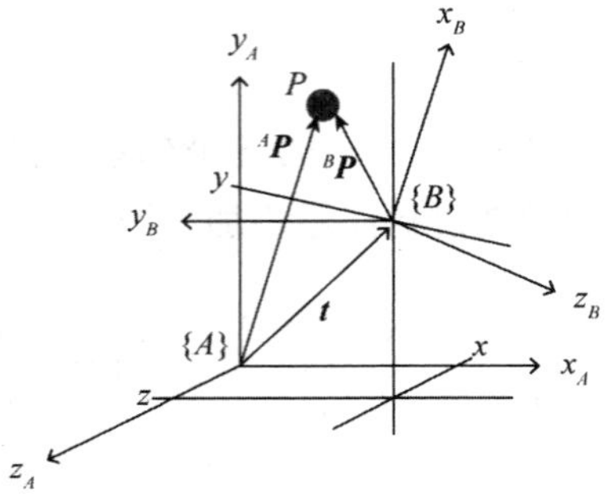

图 7.8 三维空间位姿描述

7.4 表示三维姿态旋转的方法

表示三维姿态旋转的方法有以下几种：

(1) 正交旋转矩阵；

(2) 欧拉角；

(3) 旋转轴与旋转角度

(4) 单位四元数。

7.4.1 正交旋转矩阵（主要）

和二维情况一样，可以用相对于参考坐标系的坐标轴单位向量表示它们所在坐标系的方向。每一个单位向量有 3 个元素，它们组成了 3×3 阶正交矩阵 ${}^{A}\boldsymbol{R}_{B}$ 。

$$\begin{pmatrix} {}^{A}x \\ {}^{A}y \\ {}^{A}z \end{pmatrix} = {}^{A}\boldsymbol{R}_{B} \begin{pmatrix} {}^{B}x \\ {}^{B}y \\ {}^{B}z \end{pmatrix} \tag{7.19}$$

上式将一个相对于坐标系 $\{B\}$ 的向量旋转为相对于坐标系 $\{A\}$ 的向量。矩阵 $\boldsymbol{R}$ 属于特殊三维正交群，或 $\boldsymbol{R} \in SO(3) \subset \mathbf{R}^{3\times3}$，$SO(3)$ 为特殊三维正交群 。它具有前文提到的二

维正交矩阵的特性，如 $\boldsymbol{R}^{-1}=\boldsymbol{R}^{\mathrm{T}}$，以及 $\det(\boldsymbol{R})=1$。

分别绕 x、y、z 轴旋转 θ 角后的三维正交旋转矩阵可表示为

$$\boldsymbol{R}_x(\theta)=\begin{pmatrix}1 & 0 & 0\\ 0 & \cos\theta & -\sin\theta\\ 0 & \sin\theta & \cos\theta\end{pmatrix}$$

$$\boldsymbol{R}_y(\theta)=\begin{pmatrix}\cos\theta & 0 & \sin\theta\\ 0 & 1 & 0\\ -\sin\theta & 0 & \cos\theta\end{pmatrix}$$

$$\boldsymbol{R}_z(\theta)=\begin{pmatrix}\cos\theta & -\sin\theta & 0\\ \sin\theta & \cos\theta & 0\\ 0 & 0 & 1\end{pmatrix} \tag{7.20}$$

三维正交矩阵有 9 个元素，但它们不是独立的，且每一列都是单位长度，提供了 3 个约束。列与列之间相互正交，这又提供了另外 3 个约束。9 个元素加上 6 个约束，实际上只有 3 个独立的值。

7.4.2　绕任意向量旋转

一个三维正交旋转矩阵总有一个实特征值 $\lambda=1$，以及一对共轭复特征值 $\lambda=\cos\theta\ \pm i\sin\theta$，其中 θ 代表旋转的角度。根据特征值和特征向量的定义有

$$\boldsymbol{R}\boldsymbol{v}=\lambda\boldsymbol{v}$$

其中，$\boldsymbol{v}$ 是对应于 λ 的特征向量。当 $\lambda=1$ 时，有

$$\boldsymbol{R}\boldsymbol{v}=\boldsymbol{v}$$

这意味着对应的这个特征向量 $\boldsymbol{v}$ 是不随旋转发生改变的。这样的向量只有一个，所以旋转轴是对应 $\boldsymbol{v}$ 中的第三列。

反过来，使用罗德里格斯旋转方程，可以从角度和向量计算出相应的旋转矩阵，即

$$\boldsymbol{R}=\boldsymbol{I}_{3\times3}+\boldsymbol{S}(\boldsymbol{v})\sin\theta+(1-\cos\theta)(\boldsymbol{v}\boldsymbol{v}^{\mathrm{T}}-\boldsymbol{I}_{3\times3}) \tag{7.21}$$

其中，$\boldsymbol{S}(\boldsymbol{v})$ 为反对称矩阵。

反对称矩阵：反对称矩阵于向量叉积，两个向量做叉积结果还是一个向量，这个向量垂直于这两个做叉积的向量所组成的平面。

$$\boldsymbol{a}\times\boldsymbol{b}=\begin{vmatrix}\boldsymbol{i} & \boldsymbol{j} & \boldsymbol{k}\\ a_1 & a_2 & a_3\\ b_1 & b_2 & b_3\end{vmatrix}=(a_2b_3-a_3b_2)\boldsymbol{i}+(a_3b_1-a_1b_3)\boldsymbol{j}+(a_1b_2-a_2b_1)\boldsymbol{k}$$

为了计算方便，将两个向量写成行列式的形式，然后按对角线法则计算行列式的值。$\boldsymbol{i}$、$\boldsymbol{j}$、$\boldsymbol{k}$ 分量分别即代表 x、y、z 轴方向的分量。写成列向量的形式如下，即

$$\begin{pmatrix}a_2b_3-a_3b_2\\ a_3b_1-a_1b_3\\ a_1b_2-a_2b_1\end{pmatrix}=\begin{pmatrix}0\cdot b_1-a_3b_2+a_2b_3\\ a_3b_1-0\cdot b_2-a_1b_3\\ -a2b_1+a_1b_2+0\cdot b_3\end{pmatrix}=\begin{pmatrix}0 & -a_3 & a_2\\ a_3 & 0 & -a_1\\ -a_2 & a_1 & 0\end{pmatrix}\begin{pmatrix}b_1\\ b_2\\ b_3\end{pmatrix} \tag{7.22}$$

再将其写成与 $\boldsymbol{b}$ 相乘的矩阵形式，提取系数矩阵。这个系数矩阵就称作向量 $\boldsymbol{a}$ 的反对称矩阵，用 $\hat{\boldsymbol{a}}$ 表示。所谓反对称矩阵，是指满足以下条件的矩阵，即

$$\boldsymbol{A}\boldsymbol{A}^{-1} = -\boldsymbol{A}$$

因为向量叉积的结果是一个向量，因此可以看作一个旋转向量，用来表示旋转，其方向为旋转轴，大小为旋转角。

7.4.3 欧拉角

欧拉旋转定理指出任何旋转都可以用不超过3次绕坐标轴的旋转表示。这意味着，一般情况下两个坐标系之间的任意旋转均可分解为一组绕三个旋转轴转动的角度。欧拉旋转定理求解绕3个轴依次旋转，但不能绕同一轴连续旋转两次。欧拉角是一个三维向量。一种广泛使用的旋转角顺序是横滚-俯仰-偏航角，即

$$\boldsymbol{R} = \boldsymbol{R}_x(\varphi_r)\boldsymbol{R}_y(\varphi_p)\boldsymbol{R}_z(\varphi_y) \tag{7.23}$$

上式用于描述船舶、飞机和车辆的姿态时非常直观。横滚、俯仰和偏航是指分别绕 x、y、z 轴的旋转角。

7.4.4 单位四元数

（1）四元数定义。四元数是对复数的一种扩展，或叫超复数。记作一个标量加上一个向量，即

$$\dot{\boldsymbol{q}} = s + \boldsymbol{v} = s + v_1\boldsymbol{i} + v_2\boldsymbol{j} + v_3\boldsymbol{k}$$

其中 $s \in \mathbf{R}$，$\boldsymbol{v} \in \mathbf{R}^3$，正交复数 i、j、k 定义如下，即

$$i^2 + j^2 + k^2 = ijk = -1$$

因此，一个四元数表示为：$\dot{\boldsymbol{q}} = s[v_1, v_2, v_3]$。

（2）单位四元数的定义。为了描述坐标系的旋转，单位四元数的表示为 $|\dot{\boldsymbol{q}}| = 1$ 或 $s^2 + v_1^2 + v_2^2 + v_3^2 = 1$。

单位四元数可以被看作绕单位向量 $\hat{\boldsymbol{n}}$ 旋转了角度 θ，该旋转于四元数组的关系为

$$s = \cos\frac{\theta}{2},\quad \boldsymbol{v} = \left(\sin\frac{\theta}{2}\right)\hat{\boldsymbol{n}}$$

（3）四元数与旋转的关系。由此而知复数中，乘以 i 相当于对向量旋转了90°；在四元数中乘以 i 相当于对向量旋转了180°，旋转360°结果为“−1”，旋转720°表示回到原来的姿态。

假设某个旋转是绕单位向量 $\boldsymbol{n} = (n_x, n_y, n_z)^{\mathrm{T}}$ 旋转了 θ 角，那么，这个旋转的四元数形式为 $\dot{\boldsymbol{q}} = \left(\cos\frac{\theta}{2}, n_x\sin\frac{\theta}{2}, n_y\sin\frac{\theta}{2}, n_z\sin\frac{\theta}{2}\right)$。

例如，ABB RAPID 语言采用四元数定义工具姿态，具体过程如下。

①数值定义：四元数 $\dot{\boldsymbol{q}}_1$、$\dot{\boldsymbol{q}}_2$、$\dot{\boldsymbol{q}}_3$、$\dot{\boldsymbol{q}}_4$ 的数值采用如下公式计算。

$$\dot{\boldsymbol{q}}_1^2+\dot{\boldsymbol{q}}_2^2+\dot{\boldsymbol{q}}_3^2+\dot{\boldsymbol{q}}_4^2=1$$

$$\dot{\boldsymbol{q}}_1=\frac{\sqrt{x_1+y_2+z_3+1}}{2}$$

$$\dot{\boldsymbol{q}}_2=\frac{\sqrt{x_1-y_2-z_3+1}}{2}$$

$$\dot{\boldsymbol{q}}_3=\frac{\sqrt{y_2-x_1-z_3+1}}{2}$$

$$\dot{\boldsymbol{q}}_4=\frac{\sqrt{z_3-x_1-y_2+1}}{2}$$

其中，(x_1, x_2, x_3)，(y_1, y_2, y_3)，(z_1, z_2, z_3) 分别是旋转坐标系统 X'、Y'、Z' 轴单位向量在基准坐标系 X、Y、Z 轴上的投影。

②符号定义：

$\dot{\boldsymbol{q}}_1$：符号总为正；

$\dot{\boldsymbol{q}}_2$：符号与 y_3-z_2 的计算结果相同；

$\dot{\boldsymbol{q}}_3$：符号与 z_1-x_3 的计算结果相同；

$\dot{\boldsymbol{q}}_4$：符号与 x_2-y_1 的计算结果相同。

假设机器人工具坐标系围绕基准坐标系 Y 轴逆时针旋转 30°，则旋转坐标系 X'、Y'、Z' 轴单位向量在基准坐标系 X、Y、Z 轴上的投影分别为

$$(x_1, x_2, x_3)=(\cos 30^\circ, 0, -\sin 30^\circ)$$

$$(y_1, y_2, y_3)=(0, -1, 0)$$

$$(z_1, z_2, z_3)=(\sin 30^\circ, 0, \cos 30^\circ)$$

由此可得

$$\dot{\boldsymbol{q}}_1=\frac{\sqrt{x_1+y_2+z_3+1}}{2}=0.996$$

$$\dot{\boldsymbol{q}}_2=\frac{\sqrt{x_1-y_2-z_3+1}}{2}=0$$

$$\dot{\boldsymbol{q}}_3=\frac{\sqrt{y_2-x_1-z_3+1}}{2}=0.259$$

$$\dot{\boldsymbol{q}}_4=\frac{\sqrt{z_3-x_1-y_2+1}}{2}=0$$

所以，其四元数为（0.966，0，0.259，0）。

此外，还可以根据公式 $\dot{\boldsymbol{q}}=\left(\cos\frac{\theta}{2}, n_x\sin\frac{\theta}{2}, n_y\sin\frac{\theta}{2}, n_z\sin\frac{\theta}{2}\right)$ 直接进行计算：$\boldsymbol{n}=(n_x, n_y, n_z)=(0, 1, 0)$，$\theta=30°$，结算结果相同。

与复数一样，可以用四元数表达对一个空间点的旋转，$\boldsymbol{P}=(x, y, z) \in \mathbf{R}^3$，由轴角指定旋转，$\dot{\boldsymbol{q}}=\left(\cos\frac{\theta}{2}, \boldsymbol{n}\sin\frac{\theta}{2}\right)$ 旋转后的点 $\boldsymbol{P}'=\dot{\boldsymbol{q}}\boldsymbol{P}\dot{\boldsymbol{q}}^{-1}$。

第 8 章

机器视觉

如果说工业机器人是人类手的延伸，交通工具是人类腿的延伸，那么机器视觉就相当于人类视觉的延伸。机器视觉通过光学装置和非接触式传感器自动接收、处理真实场景的图像，以获取所需信息或控制机器人运动，使工业机器人具备环境感知能力的技术。机器视觉系统把成像系统的信号转换为反映现实场景的数字图像，并对其进行分析、处理，得出各种指令来控制机器的动作。因此，数字图像是机器视觉系统工作的前提和基础。

8.1 概述

机器视觉涉及的领域广泛且复杂，机器视觉系统通常通过各种软硬件技术和方法，对反映现实场景的二维图像信息进行分析、处理后，得出各种指令数据，以控制机器的动作。例如，可以让机器视觉进行系统采集、分析生产线上的药品包装图像，进而让执行机构将不合格的产品挑拣出来，从而达到质量控制的目的。

机器视觉、图像处理，以及计算机视觉是既相互交叉又有区别的几个概念。图像处理是指用计算机对图像进行复原、校正、增强、统计分析、分类和识别等加工，以达到所需结果的技术和过程，它通常是机器视觉中必不可少的阶段（日常生活中图像处理常常指对图像的艺术化，与工业领域中图像处理的概念稍有差别）。计算视觉的研究很大程度上是针对图像内容的视觉理论研究；它的研究对象主要是映射到单幅或多幅图像上的三维场景，如三维场景的重建等。机器视觉则主要是指工业领域视觉的应用研究，如自主机器人的视觉，用于检测和测量的视觉系统等。它通过在工业领域将图像感知、图像处理、控制理论与软件、硬件紧密结合，并研究解决图像处理和计算机视觉论在实际应用过程中的问题，以实现高效的运动控制或各种实时操作。

典型的机器视觉系统通常包含光源、光学传感器、图像采集设备、图像处理设备、机器视觉软件、辅助传感器、控制单元和执行机构等，这些软硬件联动共同完成机器视觉系统承担的任务。光源是机器视觉系统的重要组成部分，它作为辅助成像设备，为机器视觉系统的图像获取提供足够的光线。光源的设计和选取往往直接决定机器视觉系统设计的成败。光学传感器（如 CCD 摄像机）负责将外部场景转换为电信号。图像采集设备（如图像采集卡）可以将来自光学传感器的信号转换成一定格式的图像数据流，传送给图像处理设备。图像处理设备（如 PC 或其他嵌入式硬件设备）上运行有机器视觉软件，可以对图像数据进行分析、处理并发送控制指令。控制指令经由数字 I/O 卡发送给控制单元（如 PLC）后，由控制单元综合辅助传感器传回的信息，控制执行机构做出相应的动作。

在机器视觉系统开发过程中，软件的开发最为关键，但耗时也最长。一套好的机器视觉软件开发平台可以有效提高机器视觉系统的开发效率，并增强系统的稳定性和可靠性。目前，可供选择的机器视觉软件开发平台比较多，如德国 MVTec 软件公司的 HALCON（国内由大恒图像代理）、Conger 公司的 Vision pro，以及开源的 OpenCV 等，这些产品都是十分优秀的机器视觉应用开发平台，它们都要求基于传统的文本编程语言（C、C++、Basic 等）进行开发，提供了整套的自动化解决方案。

8.2 成像系统

工业领域的多数成像系统都由镜头子系统、图像传感器，以及其他辅助设备构成。镜头子系统负责对外部光线进行调制或变换，确保观测目标可以成像到图像传感器的芯片上；图像传感器负责对光线进行光电转换，并在各种辅助设备的配合下对电信号进行加工，输出各种含图像信息的电信号供计算机进行处理。目前，机器视觉系统中较常用成像系统由工业 CCD/CMOS 摄像机及其配套镜头组成。

由于数字图像是对成像系统输出的信号进行数字化后的结果，成像系统反映真实场景的性能和质量，并直接决定整个机器视觉系统的性能。影响机器视觉成像系统成像质量的因素较多，主要包括光源、系统分辨率、像素分辨率、对比度、景深、投影误差和镜头畸变，而这些因素（参数）却直接或间接地由硬件选型和安装方式决定。其中几个重要概念如下：

（1）图像分辨率：在数字图像中，光强幅值以类似矩阵的形式被记录，该值在图像中的点被称为像素，横向及纵向像素的个数称为图像分辨率。

（2）系统分辨率：成像系统可以识别出被测对象的最小特征，是长度单位，如测量精度为 0.01 mm。

（3）像素分辨率：检测被测物所需要的像素数，一般是根据最小特征来确定最小像素分辨率，选用摄像机的图像分辨率要大于此处计算的像素分辨率。其计算表达式为

$$R_{\min} = \frac{L_{\max}}{l_{\min}} \times p_{\min} \tag{8.1}$$

$L_{\max}$——被测物最大长度，考虑到一般都会使检查目标尽量填满视场，所以，一般情况

下 $L_{max} = FOV$，FOV 详见式（8.2）中的参数；

R_{min} ——最小像素分辨率；

l_{min} ——被测物最小长度（系统分辨率）；

p_{min} ——最小特征的像素数，其取值视系统用途而定，一般情况取 2，定位取 3，测量取 10。

成像系统简化模型如图 8.1 所示。

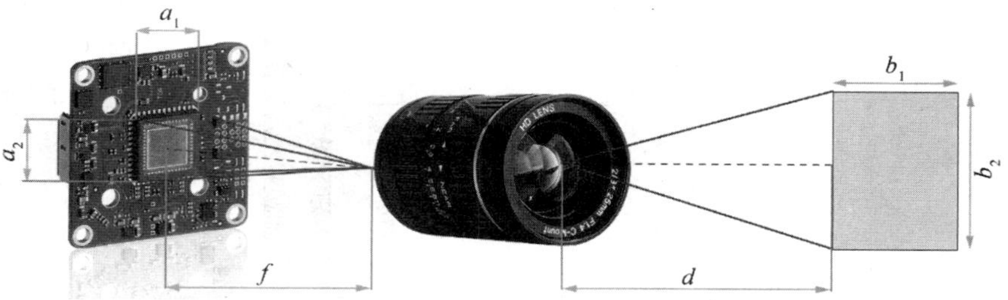

图 8.1　成像系统简化模型

确定成像系统焦距，要明确以下参数：

（1）a_1、a_2 表示摄像机感光芯片长宽（CCD），$S = a_1 + a_2$ 为摄像机传感器面积，通过查询手册可得。

（2）b_1、b_2 表示视野长宽（FOV）。

（3）f 表示焦距。

（4）d 表示工作距离（WD）。

由以上参数之间的约束关系可得如下表示式，即

$$\frac{S}{FOV} = \frac{f}{WD} \tag{8.2}$$

透镜放大率的表达式为

$$M = \frac{S}{f} \tag{8.3}$$

综上所述，成像系统简化模型的约束关系为

$$\frac{S}{f} \times WD = M \times WD = FOV = \frac{l_{min} \times R_{min}}{p_{min}} \tag{8.4}$$

【例 8.1】　使用一条 300 mm 宽的输送带传输物体，速度为 200 mm/s。每 3 个物体紧挨着传输。使用一个图像处理系统来测量物体的大小，系统分辨率要求精确到 5 mm。求采用摄像机的分辨率，放大倍数和工作距离。

解：系统分辨率精确到 5 mm，即被测对象的最小特征为 5 mm，最小特征的像素数取 20，每个像素表示 5/20＝0.25 mm。要使此像素分辨率准确覆盖整个传送带，需要 300 mm/(0.25 mm/像素）＝1 200 像素。所以，选用图像分辨率为 1 200×1 000 像素的摄像机。通过数据表可以确定摄像机的每个像素的边长为 3.75 μm。

根据式（8.2）～式（8.4）确定放大倍数 M 为 0.003 75/0.25＝0.015。若使用焦距为

18～35 mm 之间的标准镜头，则摄像机和传送带之间距离 WD 为 2.5 m。

【例 8.2】 产品的外形尺寸是产品质量控制的重要指标。由于人工测量速度慢、精度低、稳定性差，所以，我们一般考虑非接触式的在线测量方式。被测物的形状如图 8.2 所示，其中，被测物长为 130～400 mm，宽为 100～210 mm，高为 30～110 mm。要求测量 8 个关键点 $A\sim H$ 之间的相对距离，测量精度即系统分辨率，为 0.5 mm，要求计算采用摄像机的分辨率。

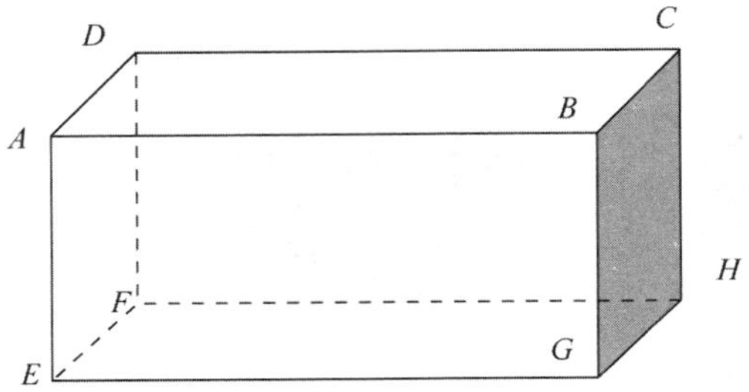

图 8.2　被测物的形状

解： 采用式（8.2）进行计算，计算单位为 mm，因此本例的计算过程为

$$R_{\min} = \frac{L_{\max}}{l_{\min}} \times p_{\min} = \frac{400}{0.5} \times 3 = 2\ 400 \text{ 像素}$$

所以，采用 500 万像素的摄像机。

【例 8.3】 设计一套检测系统可以检查桥梁底部裂缝的机器人视觉系统，要求机器人工作速度最高可达 4.5 m/s，同时可以在距离桥底部 400～800 mm 的工作距离内检测到最小宽度为 0.2 mm 的桥梁裂缝。

解： 由式（8.4）可得

$$\frac{S}{f} \times WD = FOV = \frac{R_{\min} \times 0.2}{p_{\min}}$$

此处取 $p_{\min}=1$，$WD=800$ mm，$l_{\min}=0.2$ mm，假定分别有两组镜头和摄像机可以选择。则摄像机在两个方向上的分辨率都应满足需求，备选的镜头参数和备选的摄像机参数如表 8.1 和表 8.2 所示。

表 8.1　备选的镜头参数

镜头参数	镜头 A	镜头 B
焦距/mm	12.5	25
最大传感器尺寸/in	2/3	4/3
工作距离	>200	>150
最大传感器视场/(°)	41.1	40.9
光圈值	F2.8	F2.0～F16
安装接口	CS	C

表 8.2　备选的摄像机参数

摄像机参数	摄像机 1	摄像机 2
传感器类型	CCD	CMOS
帧率/FPS	55	26
摄像机传感器尺寸/in	2/3	1
感光芯片尺寸/mm	8.8×6.6	12.85×9.64
靶面尺寸/in	1/2.3	
感光芯片类型	CMOS	
水平/垂直分辨率	1 920×1 200	1 920×1 200
水平/垂直像素尺寸/μm	5.5×5.5	5.5×5.5

$$\frac{S}{f} \times WD = FOV = \frac{R_{\min} \times 0.2}{p_{\min}}$$

$$R_{\min} = \frac{FOV}{0.2}$$

$$\frac{8.8}{12.5} \times 800 \times 5 = 2\ 816 \text{ 像素}$$

$$\frac{6.6}{12.5} \times 800 \times 5 = 2\ 112 \text{ 像素}$$

所以，最终计算结果为摄像机的分辨率不应小于 2 816 × 2 112 像素。

8.3　3D 摄像机

随着 3D 技术普遍在工业机器视觉中发挥的作用日益增大，3D 摄像机不仅能够获得平面图像，还可以实时获得拍摄对象的深度信息，即三维位置及尺寸等。3D 摄像机通常由多个摄像头和深度传感器组成，可以实现三维信息采集，且三维数据可以转成点云数据。另外，3D 摄像机也能实时获取环境物体深度信息，如三维尺寸和空间信息等，为动作捕捉、三维建模、室内导航与定位等提供了技术支持，满足广泛的消费级、工业级应用需求，如动作捕捉识别，人脸识别，自动驾驶领域的三维建模、巡航和避障，工业领域的零件扫描检测分拣，安防领域的监控、人数统计等。当前，生成 3D 图像数据有三种不同的方法：ToF（Time-of-Flight），结构光，激光三角测量。

8.3.1　ToF 摄像机

在获取深度数据及测量距离方面，ToF（Time-of-Flight）是一项非常高效的技术。ToF 摄像机为每个像素提供两种信息：亮度值（灰度值），以及芯片与被测物体之间的距离（即深度值）。ToF（Time-of-Flight）可进一步分为两种不同类型：连续波和脉冲 ToF。脉冲 ToF 根据光脉冲的传播时间来测量距离，因此它需要配合非常快速、精准的电子元件。目前，该技术能够在合理的成本范围内生成精确的光脉冲，并进行精准测量。相比连续波的工作过程，这种技术所需的芯片要以更高的分辨率进行工作，由于它的像素较小，因此能够更高效地利用芯片。其工作原理为集成光源发出的光脉冲会在照射物体后反射回摄像机；然后，根据光线再次到达芯片前的传播时间计算出距离，从而得出每个像素的深度值。这项技术可以轻松实时生成点云，同时还可以提供强度和置信图。ToF 适用于物流和生产环境中，可以执行体积测量、堆垛和自动驾驶车辆的任务。ToF 还可以在医疗领域帮助进行定位和监测患者，以及在工厂自动化中执行机器人控制和箱子抓取任务。

Kinect V2 是采用飞行时间（ToF）的方式的摄像机，如图 8.3 所示。其根据红外线反射后返回的时间来取得深度信息，以此来判断物体的方位。但由于光速太快，很难通过时间差精确计算深度值，因此，采用另一种方法，即发射一道强弱随时间变化的正弦光束，根据往返红外正弦光束相位差值求得像素深度值。以上两种技术均是利用红外线对空间深度信息的获取，因此无论环境光线、物体颜色如何变化，测量结果都不会受到干扰。表 8.3 为 Kinect V1 和 Kinect V2 的技术参数比较。

图 8.3　Kinect V2

表 8.3　Kinect V1 和 Kinect V2 的技术参数比较

项目		Kinect V1	Kinect V2
彩色视角/(°)	水平	62	84.1
	垂直	48.6	53.8
深度视角/(°)	水平	57.5	70.6
	垂直	43.5	60
彩色摄像机分辨率		640×480	1 920×1 080
深度/m		0.8～4.0	0.5～4.5
深度摄像机分辨率/像素		320×240	512×424
同时骨架追踪个数		2	6

Kinect V2 采用 ToF 测距，利用方波调制摄像机光源，光源的平均频率为 80 MHz，通过相位检测来得到发射光和经过物体反射后的光的相位偏移和衰减，从而计算光从光源到物体表面然后再回到传感器的总的飞行时间，根据光的往返飞行时间进而可以求得物体到传感器的距离。具体表达式为

$$2d = \frac{phase}{2\pi} \cdot \frac{c}{f} \qquad (一个周期) \qquad (8.4)$$

其中，d 为深度；$phase$ 是调制信号相位偏移；c 为光速，光在空中的飞行速度约为 $c = 3 \times 10^8$ m/s；f 为传感器的调制频率。

公开的数据集 Multi-Instance 3D Object Detection and Pose Estimation 的部分截图如图 8.4 所示。

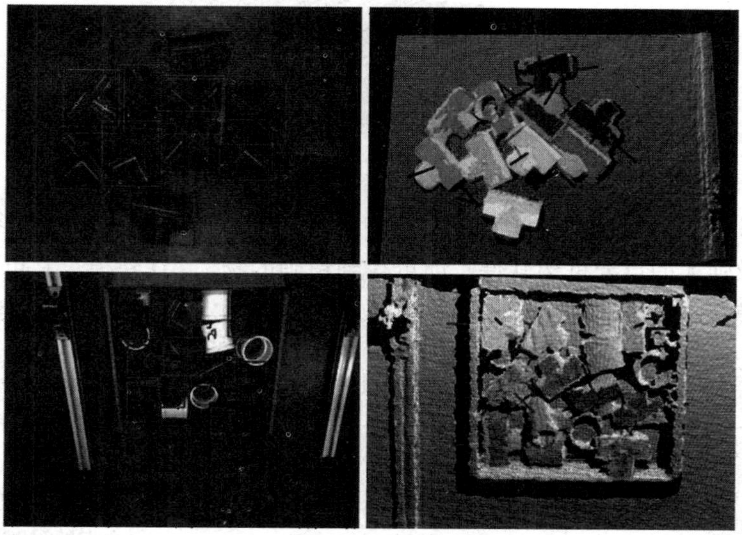

图 8.4 数据集 Multi-Instance 3D Object Detection and Pose Estimation 的部分截图

8.3.2 基于结构光的摄像机

结构光是指特定波长的不可见红外激光作为光源发射出来的光经过一定的编码投影在物体上，并通过一定的算法来计算返回编码图案的畸变来得到物体的位置和深度信息。根据编码图案不同，结构光一般分为条纹结构光、编码结构光和散斑结构光三种。

立体视觉有一个明显的优点，即在测量工作范围较小的物体时，可以实现高精度。在其他情况下，如果要实现高精度，通常需要将参考标记、随机图案或由结构化光源产生的光图案投影到被测物体上。立体视觉通常适用于坐标测量技术和工作空间的 3D 测量。然而，这种技术一般不适合在生产环境中使用，因为它的处理器负载较高，在工业应用中会增加整体系统的成本。散斑结构光的原理是特定波长的光源发出的结构光照射在物体表面，其反射的光线被带滤波的摄像机接收，且滤波片保证只有该波长的光线能为摄像机所接收。ASIC 芯片对接收到的光斑图像进行运算，得出物体的深度数据。而散斑是指激光照射到粗糙物体或穿透毛玻璃后随机形成的衍射斑点。这些散斑具有高度的随机性，而且会随着距离的不同而变换图案，也就是说空间中任意两处的散斑图案都是不同的。只要在空间中打上这样的结构光，整个空间就都被做了标记，把一个物体放进这个空间，只要看看物体上面的散斑图案，就能够知道这个物体在什么位置。当然，在这之前要把整个空间的散斑图案都记录下来，所以在测量之前要先做一次光源标定，通过对比标定平面的散斑分布，就能精确计算出当前物体距离摄像机的距离。

COMATRIX 是基于结构光的摄像机，如图 8.5 所示。它一次扫描后生成配准好的高精度 3D 点云和高清的 2D 图像。通过手眼标定技术将摄像机坐标系中的坐标转换成机器人的抓取坐标，并通过 3D 和 2D 数据定位物料的位置，引导机器人抓取物料表面，进行分拣或者码垛的动作。

图 8.5　COMATRIX

COMATRIX 使用高精度结构光对被测物体进行多角度扫描后，再通过多个点云配准和拼接算法，以及强大的点云重构软件，即可得到精确的物体 3D 建模，其可应用于 3D 逆向工程、人体建模、高精度部件建模测量等领域。COMATRIX 的技术参数如表 8.4 所示。COMATRIX 摄像机三维点云如图 8.6 所示。

表 8.4　COMATRIX 的技术参数

参数类型	具体数值	说明
深度图分辨率/点	200 万	每个点都有独立的（x，y，z）坐标
Z 轴准确度/μm	200	每个点的深度误差值
测量距离/mm	900～1 200	合理测距范围
物体尺寸/mm×mm	640×400～850×530	可测量物体尺寸
帧率/FPS	1	包括扫描以及传输时间
3D 点云吞吐量/(点/s)	200 万	帧率×深度分辨率
2D 照片分辨率/像素	500 万	2D 照片分辨率
2D 摄像机参数	快门 75FPS	专业的工业 CCD 摄像机
2D 镜头参数	5M，140 lp/mm	工业级高清镜头
3D 与 2D 坐标	100% 对齐	无须客户开发对齐算法
外观尺寸/mm×mm×mm	381.8×136×95.70	—

图 8.6　COMATRIX 摄像机三维点云

8.3.3　基于激光三角测量的摄像机

1. 激光三角测量的原理

激光三角测量使用的是 2D 摄像机和激光光源。激光光源将光线投射到目标区域，然后操作者再使用 2D 摄像机进行拍摄。光线在接触被测物的轮廓时会发生弯曲，因此可以根据多张照片中光线位置的坐标，计算出物体和激光光源之间的距离。

激光三角测量借鉴了结构光的方法，在应对复杂的表面或当环境光线较弱时，相应的问题也能迎刃而解。即使物体的对比度较低，激光三角测量也可提供高精度的数据。但是，激光三角测量速度相对较慢，难以适应现代生产环境中不断加快的节奏。在扫描过程中，此技术要在被测量物保持静止时才能记录激光线的改变情况。其原理如图 8.7 所示。

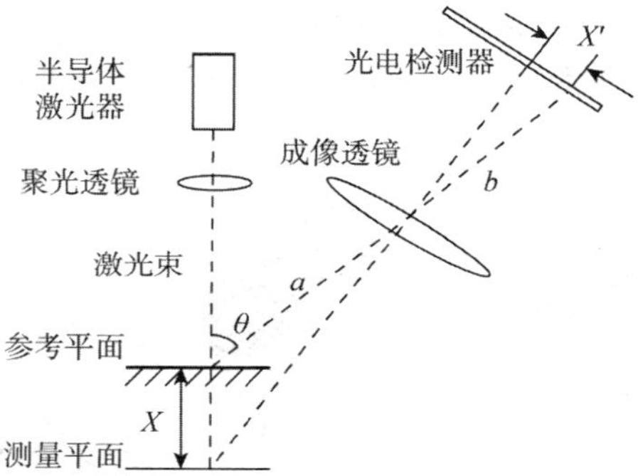

图 8.7　激光三角测量原理

2. 激光三角测量 3D 摄像机

激光三角测量也被称为光切法，它是一种基于三角测量原理的主动式结构光编码测量技术，将一激光投射到三维物体上，通过 CCD 摄像机或者位置敏感探测器（Position Sensitive Detector，PSD）接收返回的信息，即可算出相应的三维坐标。每个测量周期都可获取一条扫描线，物体的全轮廓测量是通过多轴可控机械运动辅助实现的。相对于激光点扫描法和光栅投影法，激光三角测量在测量精度和测量速度两方面都较理想，可根据测量对象及实际需要选择点测量、线测量、平面扫描、双面扫描、四面扫描和回转扫描等多种测量方式。随着激光技术的发展，激光三角测量逐渐得到广泛应用。它具有结构简单、精度高、测量速度快的优点。它的缺点是对物体表面特性和反射率有限制，如偏暗的表面、镜面反射表面、透明或半透明材料都难以测量，有阴影区域的物体在测量时会出现遮挡情况，且远距离测量的精度不高。

SICK Ranger3 是专为高要求图像处理任务打造，在全球范围内被用作检查系统的理想核心组件，凭借高测量精度和前所未有的测量速度，适用于众多领域，如轨道交通行业、电子行业、轮胎行业等。SICK Ranger3 的主要功能在于通过激光三角测量方法测量物体的 3D 形状。作为一款设计独特的 3D 摄像机，该摄像机在检测实际物体 3D 形状时不受产品对比度或颜色影响，从而能够更可靠地帮助产品提升质量，且 SICK Ranger3 体积小巧，方便安装。

其外形和所采集到的 3D 图像如图 8.8 所示。

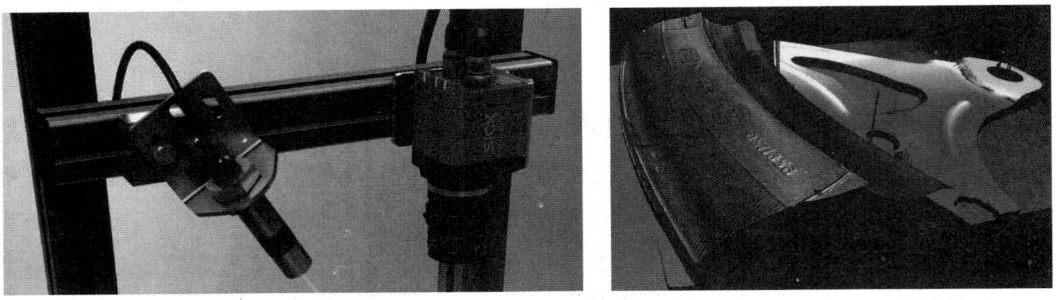

图 8.8　SICK Ranger3 外形和所采集的 3D 图像

在每次测量时，SICK Ranger3 沿着面前物体的剖面进行测量，它的测量结果是轮廓图，其中包括沿着剖面每个测量点的数值，如沿着宽度的物体高度。若要测量整个物体，则应移动物体（或是摄像机与光源），使摄像机能沿着物体实施一系列测量。此类测量的结果是一系列轮廓图，其中包含沿着输送方向的特定位置剖面测量的结果，如图 8.9 所示。

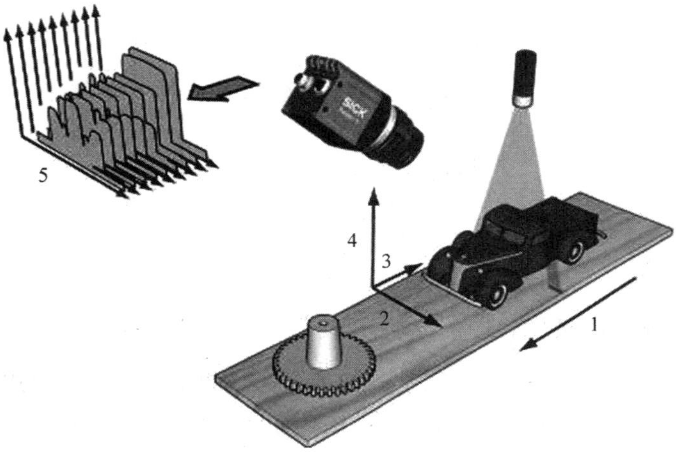

1—输送方向；2—*X*（宽度）；3—*Y*（输送反方向）；4—*Z*（区域）；5—轮廓。

图 8.9　SICK Ranger3 的测量原理

SICK Ranger3 的技术参数如表 8.5 所示。

表 8.5　SICK Ranger3 的技术参数

参数类型	说明
图像传感器	采用 ROCC 技术的 SICK CMOS 传感器
传感器分辨率	2 560×832
扫描/帧率（AOI 模式）	46 000 3D profile（剖面）/s
扫描/帧率（全幅）	7 000 3D profile（剖面）/s
像素大小/μm	6×6
最大三维高分辨率	16 位，1/16 子像素

3. SICK Ranger3 的数据采集

（1）SICK Ranger3 的 IP 修改。SICK Ranger3 的默认 IP 为 169.254.x.x，所以需要先将

电脑的 IP 修改为 169. 254. x. x，后面两段任何数字均可，比如 169. 254. 1. 2，这样就可以与摄像机连接。修改摄像机 IP 的过程（见图 8. 10）如下：

①在“Parameter editor”对话框中单击“Expert”按钮，进入 Expert 模式。

②在“Parameter editor”对话框中选择“TransportLayerControl”→“GigEVision”（在下方而非右方）。

③勾选“GevCurrentIPConfigurationPersistentIP”复选按钮。

④修改“GevPersistentIPAddress”文本框，“GevPersistentSubnetMask”文本框，“GevPersistentDefaultGateway”文本框中的参数。

⑤单击“Refresh”按钮，并断电重启摄像机，此时摄像机的 IP 将被修改为输入的 IP。

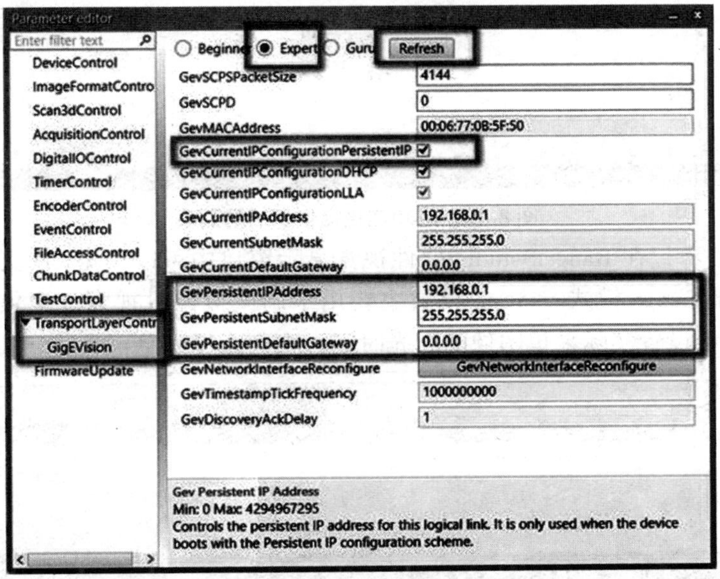

图 8. 10　Ranger3studio 软件设置界面

（2）Ranger3studio。SICK Ranger3 是一款高速 3D 摄像机，用作图像系统中的视觉组件。SICK Ranger3 测量时经过摄像机前方的物体，并将测量结果发送至计算机用 Ranger3studio 进行后续处理。可在计算机上开始和停止测量，也可由图像系统中的编码器和单光束安全光栅触发测量。

如图 8. 11 所示，摄像机当前状态列表中会显示所有可用的摄像机，单击其中一个选择连接或断开。成功连接摄像机后的列表如图 8. 12 所示。

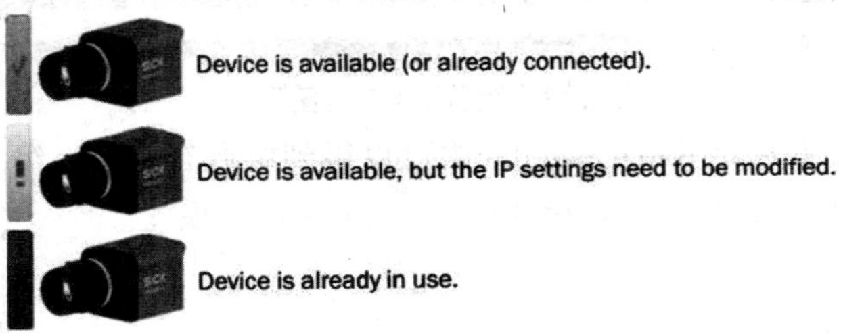

图 8. 11　摄像机当前状态列表

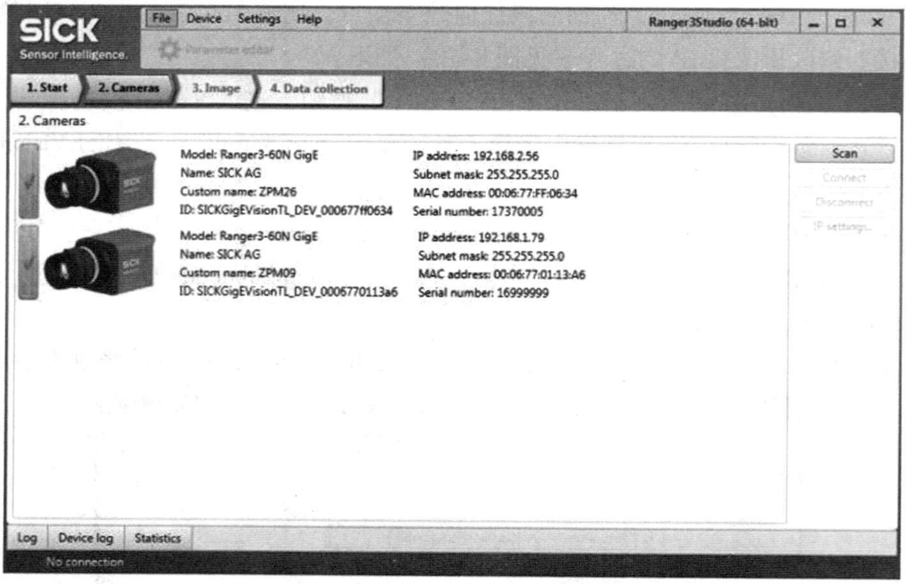

图 8.12　成功连接摄像机后的列表

如图 8.13 所示，在 Ranger3studio 软件视觉显示窗口中可以预览 2D 实时图像，类似于 RangerE 摄像机的 image 模式。image 模式主要用于调试摄像机视野、聚焦和设置有效 roi，还可以在该模式下设置实际采集图像的曝光时间，来判断曝光是否合适。

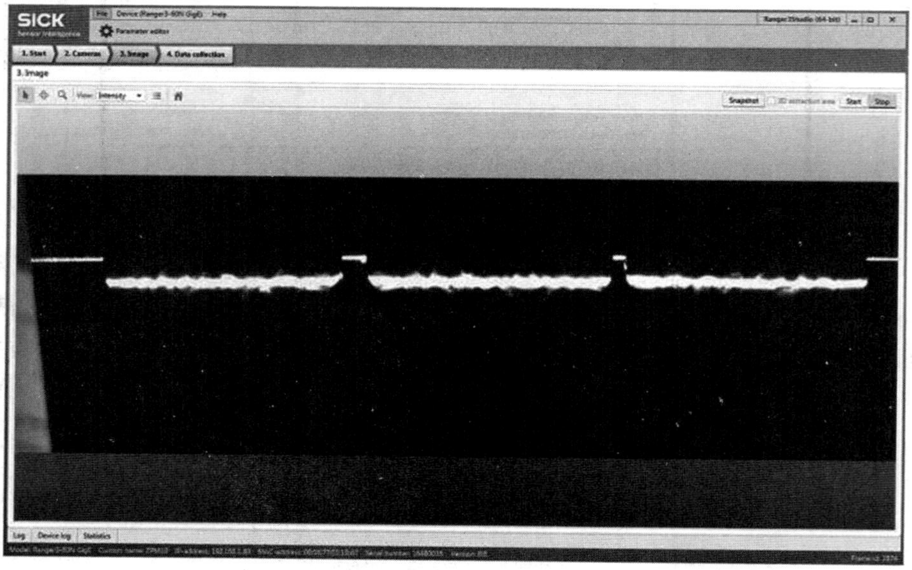

图 8.13　预览 2D 实时图像

软件窗口如图 8.14 所示，Ranger3studio 中可以得到由所有 profile 组成的高度图像（及 reflectance 图像），这里相当于 rangerE 摄像机的 measurement 模式。

图 8.14 由所有 profile 组成的高度图像

（3）摄像机标定。摄像机标定是通过获取锯齿斜边 80% 的数据得到的。摄像机标定会用斜边的数据来拟合直线，然后得到两条斜线的交点，所以要注意斜面整体趋势一致。摄像机标定的步骤如下。

首先要制作标定工具，如图 8.15 所示，其加工要求如下：

①齿峰和齿谷为倒圆角，以便于加工；

②加工时应该保证斜面的平行度和倾斜度，以及齿的高度和齿之间的宽度；

③尺寸和形位公差建议小于四分之一的像素分辨率；

④材料可以选择铝合金，表面需喷砂氧化处理。

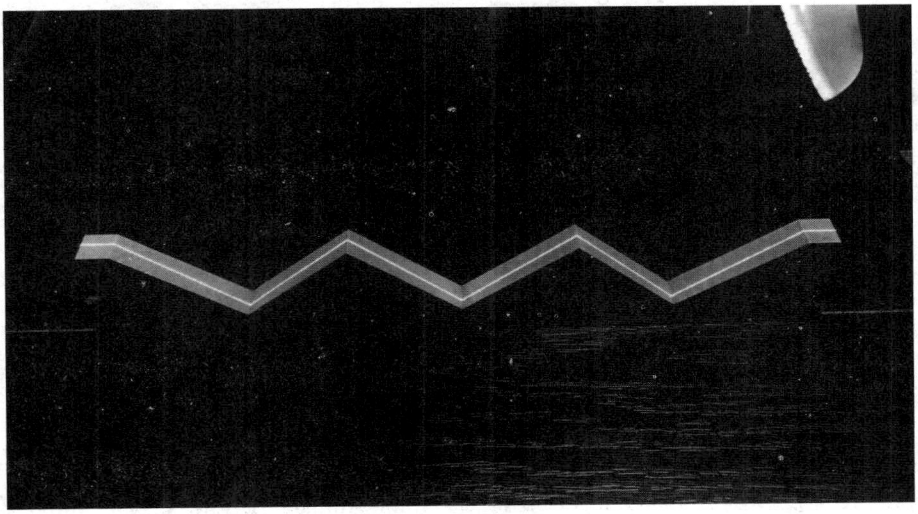

图 8.15 制作标定工具

在 image 模式下采集锯齿的图像并保存，最好有 5 ~ 6 个齿在视野内。标定齿条及激光成像图像采集如图 8.16 所示。

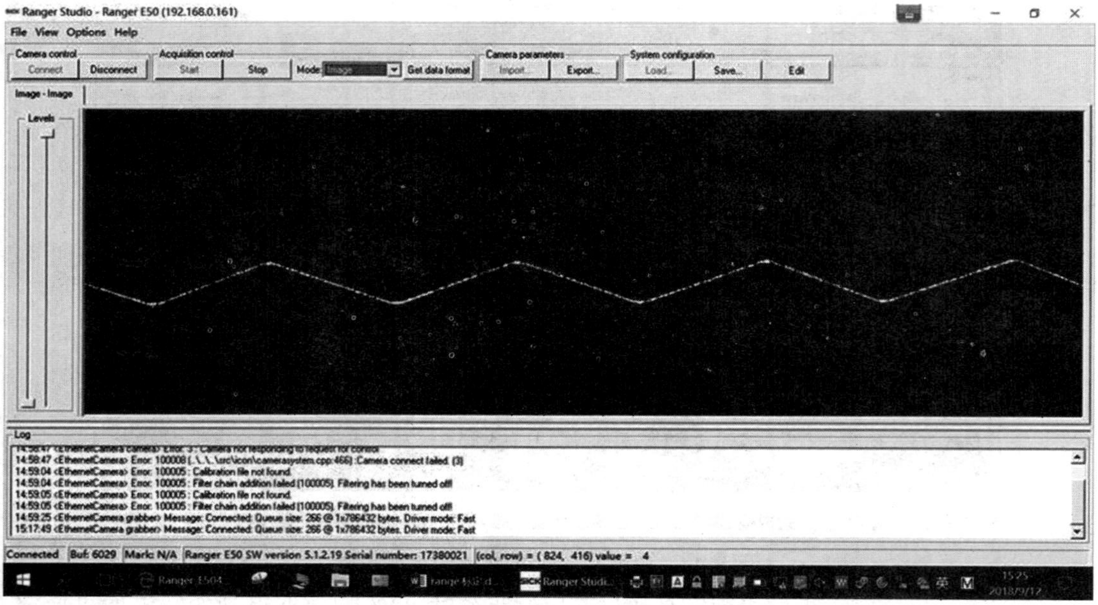

图 8.16　标定齿条及激光成像图像采集

然后，打开 EasyRanger Calibration 软件，按图 8.17 进行操作。

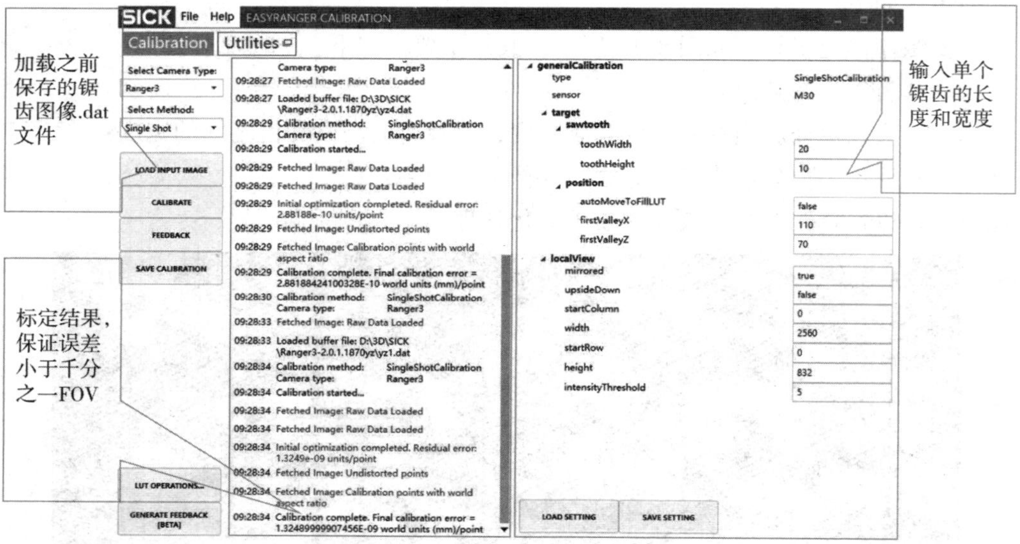

图 8.17　标定软件设置画面

（4）数据采集过程。

通过编制程序完成数据采集过程，可以采用如下四种不同的方案：

①EasyRanger 开发环境，由 SICK 提供的编程环境独立完成开发工作；

②由 SICK 提供库函数 EasyRanger API，通过 EasyRanger API 和 Visual Studio 2015 完成开发工作；

③由 SICK 提供库函数 Ranger3 SDK，通过 Ranger3 SDK 和 Visual Studio 2015 完成开发工作；

④通过 HDevelop 开发环境和 Visual Studio 2015 完成开发工作，其中 HDevelop 是机器视觉软件 Halcon 提供的开发环境。

数据采集过程需要配合自动化系统以便实现被测目标的运动和摄像机的触发。EasyRanger 开发环境如图 8.18 所示。

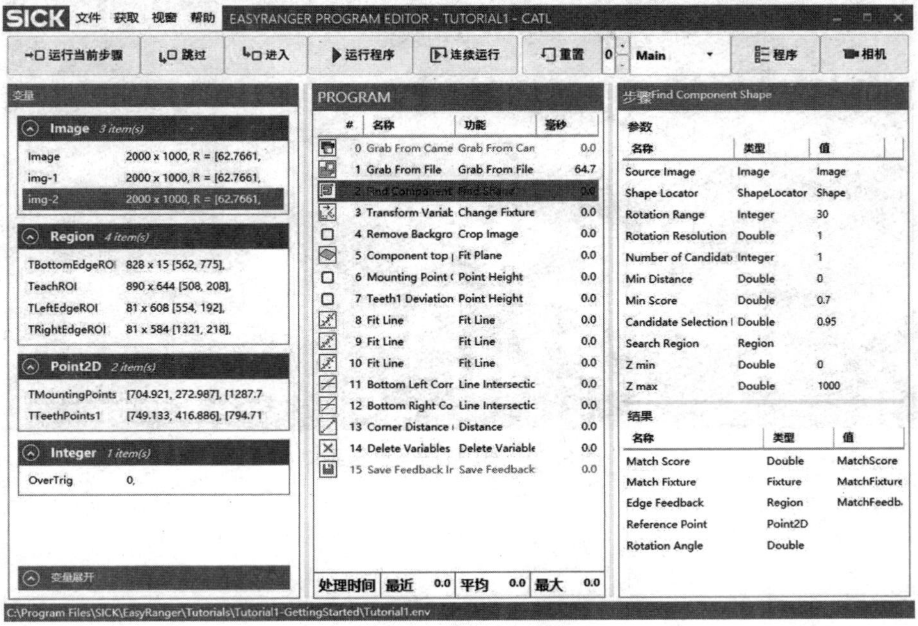

图 8.18　EasyRanger 开发环境

HDevelop 开发环境的参数设置步骤如下。首先，在 HDevelop 软件中打开助手进入图像采集，并选择“自动检测接口”→“GenicamTL”；然后在“连接”选项卡中进入参数设置，如图 8.19 所示。

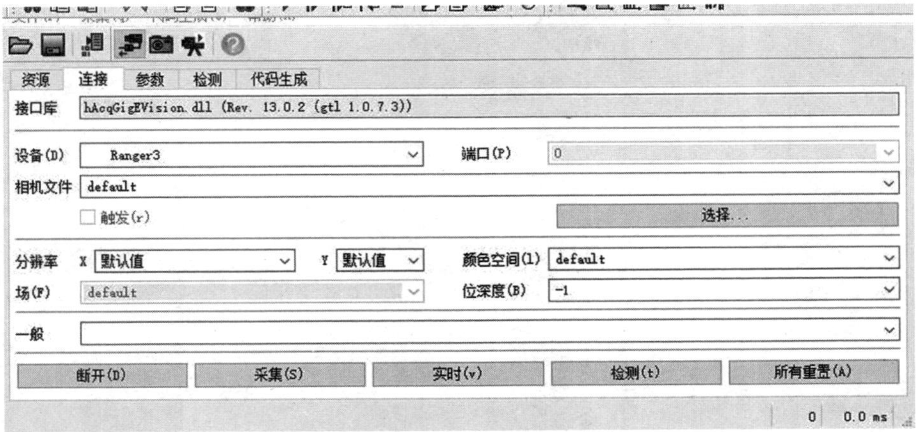

图 8.19　HDevelop 开发环境的参数设置

（5）3D 数据采集结果如图 8.20 所示。

图 8.20　3D 数据采集结果

第 9 章

2D 成像系统标定

基于视觉的环境感知是工业机器人任务协作化应用的前提，视觉信息获取的第一步是摄像机标定。摄像机标定（Camera Calibration）是对摄像机的内部参数、外部参数进行求取的过程。摄像机的内部参数主要包括光轴中心点的图像坐标，成像平面坐标到图像坐标的放大系数，镜头畸变系数等；摄像机的外部参数是摄像机坐标系在参考坐标系中的表示，即摄像机坐标系与参考坐标系之间的变换矩阵。摄像机标定的好坏决定了后续图像数据采集精度的高低，它是摄像机使用过程中最为基础的步骤。

9.1 单目摄像机标定

单目摄像机是一种反映三维几何空间到二维平面空间映射关系的设备，由于其本身也可以代表一种变换或者映射，因此，需要建立数学模型来表达这种变换关系。

1. 确定摄像机模型

在众多摄像机模型中，应用最广泛的是针孔摄像机模型。针孔是想象在一堵不透光的墙上有一个无限小的小孔，该小孔定义为投影中心，只有小孔能够通过光线。将通过投影中心并且垂直于投影中心所在平面的直线定义为光轴。光轴穿过投影中心相交于成像平面（或投影平面）的交点定义为主点。场景的光线通过投影中心后，会在成像平面上成像。定义成像平面到投影中心所在平面之间的距离为焦距，如图 9.1 所示。

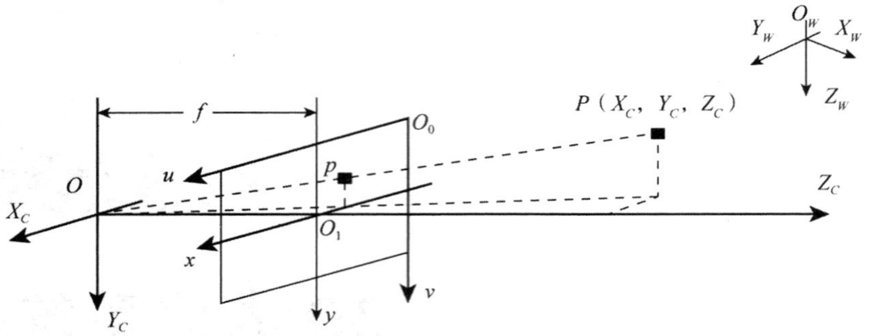

图 9.1　摄像机模型

2. 从世界坐标系到摄像机坐标系的转化

当摄像机坐标系定位于世界坐标系中时，摄像机坐标系一点 $P(X_C, Y_C, Z_C)$ 和世界坐标系点 $P_W(X_W, Y_W, Z_W)$ 的关系表达为

$$P = \boldsymbol{R}P_W + \boldsymbol{t} \tag{9.1}$$

式中，$\boldsymbol{R}$、$\boldsymbol{t}$ 为摄像机坐标系原点相对于世界坐标系的旋转平移。

旋转矩阵 $\boldsymbol{R}$ 和平移向量 $\boldsymbol{t}$ 表征了摄像机坐标系原点距世界坐标系的旋转和平移，称为外部参数（外参）。

3. 从摄像机坐标系到图像坐标系的转化

根据图 9.1 的模型描述，可以按照比例关系求出真实物体在成像平面上的坐标，即

$$-x = f\frac{X_C}{Z_C},\quad -y = f\frac{Y_C}{Z_C} \tag{9.2}$$

式中，f 为摄像机的焦距。

在实际情况中无限小的小孔无法让充足的光线通过，不可能实现成像效果，因此通常由透镜来取代小孔。同时为了使等式简化，摄像机模型通常以图 9.1 的形式给出，将成像坐标和真实物体之间的关系由负变正。这样就形成了更容易理解的模型关系。

从摄像机坐标系到图像坐标系的转化属于透视投影变换关系，即将 3D 图像信息转换成 2D 图像信息。点 $P(X_C, Y_C, Z_C)$ 是摄像机坐标系中的点，点 $p(x, y)$ 是点 P 在图像坐标系上的投影点，其关系为

$$x = f\frac{X_C}{Z_C},\quad y = f\frac{Y_C}{Z_C} \tag{9.3}$$

进一步可得如下的坐标转换矩阵，即

$$Z_C\begin{pmatrix} x \\ y \\ 1 \end{pmatrix} = \begin{pmatrix} f & 0 & 0 \\ 0 & f & 0 \\ 0 & 0 & 1 \end{pmatrix}\begin{pmatrix} X_C \\ Y_C \\ Z_C \end{pmatrix} \tag{9.4}$$

上式中点 $p(x, y)$ 的单位为 mm，f 为摄像机焦距。

4. 从成像坐标系到像素坐标系的转化

成像坐标系上点 $p(x, y)$ 转换到在像素坐标系上（原点位于成像平面左上角）的点

$p(u, v)$，并用 C_x、C_y 定义在像素坐标系中成像平面的中心位置，单位为像素，则 $p(u, v)$ 定义可表示为

$$u = \frac{x}{\mathrm{d}x} + C_x,\ v = \frac{y}{\mathrm{d}y} + C_y \tag{9.5}$$

式中　C_x——像素坐标系中成像平面的中心点像素横坐标；

C_y——像素坐标系中成像平面的中心点像素纵坐标；

$\mathrm{d}x$——相邻像素点在 x 轴方向的实际物理距离；

$\mathrm{d}y$——相邻像素点在 y 轴方向的实际物理距离。

定义 $f_x = \frac{f}{\mathrm{d}x}, f_y = \frac{f}{\mathrm{d}y}$，可得如下坐标转换矩阵，即

$$Z_C\begin{pmatrix}u\\v\\1\end{pmatrix} = \begin{pmatrix}f_x & 0 & C_x\\0 & f_y & C_y\\0 & 0 & 1\end{pmatrix}\begin{pmatrix}X_C\\Y_C\\Z_C\end{pmatrix} \tag{9.6}$$

中间的矩阵被称为摄像机的内部参数（内参）。

9.2　标定算法

目前已有的标定算法（参考文献［8］）是将标定模板投影于 Z_W 平面，从而获取外部三维点和成像平面点之间更简单的匹配关系，并且通过最优估计矩阵对获取结果进行优化，将匹配算法的应用提高到了一个新的水平。由于这种算法采用的标定模板易于制作，且标定过程简单，因此其在摄像机标定中的应用得到广泛发展。在此之后，众多研究转向对新标定模板的设计上，而国内对标定板亚像素角点检测的研究也越来越多，模板匹配点精度的提高使得匹配结果更加准确。

在摄像机参数获取的算法中，上述的算法是一类应用广泛的经典算法。为了提供更加方便的标定方式，该算法提出了一个非常重要的假设条件，即将三维物体投影于世界坐标系的 Z 平面上，进而简化外部坐标的表达形式。由于增加了新的约束条件，使得该算法能够采用更加简单的二维标定模板完成摄像机内、外部的参数标定。

设标定模板位于世界坐标 $Z_W = 0$ 平面上，通过摄像机外部参数中旋转矩阵 $\boldsymbol{R}$ 和平移向量 $\boldsymbol{t}$，根据摄像机齐次坐标 $(u, v, 1)^{\mathrm{T}}$ 和世界坐标 $(X_W, Y_W, 0, 1)^{\mathrm{T}}$ 对应关系得到

$$(u, v, 1)^{\mathrm{T}} = s\boldsymbol{M}(\boldsymbol{r}_1, \boldsymbol{r}_2, \boldsymbol{r}_3, \boldsymbol{t})(X_W, Y_W, 0, 1)^{\mathrm{T}} \tag{9.7}$$

$$s\boldsymbol{M}(\boldsymbol{r}_1, \boldsymbol{r}_2, \boldsymbol{r}_3, \boldsymbol{t})(X_W, Y_W, 0, 1)^{\mathrm{T}} = s\boldsymbol{M}(\boldsymbol{r}_1, \boldsymbol{r}_2, \boldsymbol{t})(X_W, Y_W, 1)^{\mathrm{T}} \tag{9.8}$$

式中，$(\boldsymbol{r}_1, \boldsymbol{r}_2, \boldsymbol{r}_3)$ 为旋转矩阵 $\boldsymbol{R}$ 的分解；s 为比例因子；$\boldsymbol{M}$ 为摄像机内参。

将目标点到摄像机的单应矩阵 $\boldsymbol{H}$ 表达为

$$\boldsymbol{H} = s\boldsymbol{M}(\boldsymbol{r}_1, \boldsymbol{r}_2, \boldsymbol{t}) \tag{9.9}$$

同时将 $\boldsymbol{H}$ 以新的形式表达为 $\boldsymbol{H} = (\boldsymbol{h}_1, \boldsymbol{h}_2, \boldsymbol{h}_3)$，由于旋转矩阵 $\boldsymbol{R}$ 的各自分量 $\boldsymbol{r}_1$、$\boldsymbol{r}_2$ 正交，即 $\boldsymbol{r}_1^{\mathrm{T}}\boldsymbol{r}_2 = \boldsymbol{0}$，则可以得到约束条件 1 为

$$\boldsymbol{h}_1{}^{\mathrm{T}}\boldsymbol{M}^{-\mathrm{T}}\boldsymbol{M}^{-1}\boldsymbol{h}_2=\boldsymbol{0} \tag{9.10}$$

式中，$\boldsymbol{M}^{-\mathrm{T}}=(\boldsymbol{M}^{-1})^{\mathrm{T}}$，根据旋转向量长度相等即 $\|\boldsymbol{r}^1\|=\|\boldsymbol{r}^2\|$ 或者 $\boldsymbol{r}_1{}^{\mathrm{T}}\boldsymbol{r}_1=\boldsymbol{r}_2{}^{\mathrm{T}}\boldsymbol{r}_2$，建立另一个新的约束条件 2，即

$$\boldsymbol{h}_1{}^{\mathrm{T}}\boldsymbol{M}^{-\mathrm{T}}\boldsymbol{M}^{-1}\boldsymbol{h}_1=\boldsymbol{h}_2{}^{\mathrm{T}}\boldsymbol{M}^{-\mathrm{T}}\boldsymbol{M}^{-1}\boldsymbol{h}_2 \tag{9.11}$$

从平面标定模板单应矩阵中的 8 个自由度中除去外部参数，还有 2 个约束条件可以使用。根据约束条件 1 及约束条件 2，矩阵 $\boldsymbol{B}$ 表达为 $\boldsymbol{B}=\boldsymbol{M}^{-\mathrm{T}}\boldsymbol{M}^{-1}$，根据式（9.10）和式（9-11），两个约束的形式可以表示为 $\boldsymbol{h}_i{}^{\mathrm{T}}\boldsymbol{B}\boldsymbol{h}_j$，将 $\boldsymbol{h}_i{}^{\mathrm{T}}\boldsymbol{B}\boldsymbol{h}_j$ 乘开，将 $\boldsymbol{v}_{ij}{}^{\mathrm{T}}\boldsymbol{b}$ 表达为

$$\begin{pmatrix}\boldsymbol{v}_{12}{}^{\mathrm{T}}\\(v_{11}-v_{22})^{\mathrm{T}}\end{pmatrix}\boldsymbol{b}=\boldsymbol{0} \tag{9.12}$$

若使用 K 个标定板，则式（9.12）的表达为如下形式，即

$$\boldsymbol{V}\boldsymbol{b}=\boldsymbol{0} \tag{9.13}$$

式中，$\boldsymbol{V}$ 为 $2K\times 6$ 矩阵。

以足够多的不同视角的图像为对象，分别计算图像上的角点在图像像素坐标系和世界坐标系下的坐标，利用两坐标之间的转换关系可得 v_{11}、v_{12}、v_{22}。

根据前面的叙述，如果标定板的个数 $K\geqslant 2$ 则式（9.12）有解，即

$$\boldsymbol{b}=(B_{11},\ B_{12},\ B_{22},\ B_{13},\ B_{23},\ B_{33})^{\mathrm{T}} \tag{9.14}$$

求取 $\boldsymbol{b}$ 的解后，从 $\boldsymbol{b}$ 的封闭解直接得到摄像机的内部参数：

$$f_x=\sqrt{\frac{Y}{B_{11}}} \tag{9.15}$$

$$f_y=\sqrt{\frac{YB_{11}}{(B_{11}B_{22}-B_{12}^2)}} \tag{9.16}$$

$$u_0=-\frac{B_{13}f_x^2}{Y} \tag{9.17}$$

$$v_0=\frac{(B_{12}B_{13}-B_{11}B_{23})}{(B_{11}B_{22}-B_{12}^2)} \tag{9.18}$$

$$Y=\frac{B_{33}-[B_{13}^2+v_0(B_{12}B_{13}-B_{11}B_{23})]}{B_{11}} \tag{9.19}$$

经过上述过程，摄像机的内、外部参数得解：

$$\boldsymbol{r}_1=\frac{1}{s}\boldsymbol{M}^{-1}\boldsymbol{h}_1 \tag{9.20}$$

$$\boldsymbol{r}_2=\frac{1}{s}\boldsymbol{M}^{-1}\boldsymbol{h}_2 \tag{9.21}$$

$$\boldsymbol{r}_3=\boldsymbol{r}_1\times\boldsymbol{r}_2 \tag{9.22}$$

$$\boldsymbol{T}=\frac{1}{s}\boldsymbol{M}^{-1}\boldsymbol{h}_3 \tag{9.23}$$

上述标定算法是摄像机标定的经典算法，标定过程简单，效果理想。

9.3　Halcon 单目摄像机标定案例

在图像处理过程中，由二维图像与世界坐标系中物体的对应关系，才能根据图像中物体的尺寸计算得到物体实际的尺寸，因此需要对摄像机进行标定。对摄像机标定的过程就是确定摄像机内部参数（主距、畸变、缩放比例因子，主点等）和外部参数（摄像机坐标系与世界坐标系之间的关系）。

9.3.1　Halcon 单目摄像机的主要参数

（1）摄像机内部参数：[Focus，K，Sx，Sy，Cx，Cy，Wiolth，Height]。面阵摄像机（division 模式）：

①Focus（焦距）：远焦镜头焦距的长度；

②K：扭曲系数（除法模型）；

③Sx，Sy：像素大小；

④Cx，Cy：图像中心点坐标；

⑤Wiolth，Height：图像的宽、高。

（2）摄像机内部参数：　[Focus，K1，K2，K3，P1，P2，Sx，Sy，Cx，Cy，Wiolth，Height]。面阵摄像机（polynomia 模式）：

①Focus（焦距）：远焦镜头焦距的长度；

②K1，K2，K3，P1，P2：扭曲系数（多项式模型）；

③Sx，Sy：像素大小；

④Cx，Cy：图像中心点坐标；

⑤Wiolth，Height：图像的宽、高。

图 9.2 是两种畸变模型的比较。针对这两种畸变模型，division 模式利用单个参数 K 加以矫正，polynomia 模式利用多个参数 K1、K2、K3、P1、P2 加以矫正。

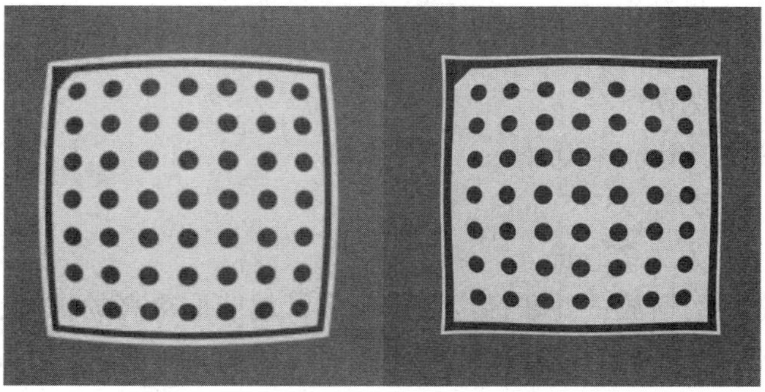

图 9.2　division 模式畸变模型与 polynomia 模式畸变模型的比较

9.3.2　Halcon 标定板参数

Halcon 并非只能使用专用标定板，也可以使用自定义标定板进行标定。使用 Halcon 专用标定板的优势是可以使用 Halcon 专用标定板提取算子，提取标记点，而若使用自定义的标定板格式，则需要自己完成此部分工作。Halcon 专用标定板如图 9. 3 所示。

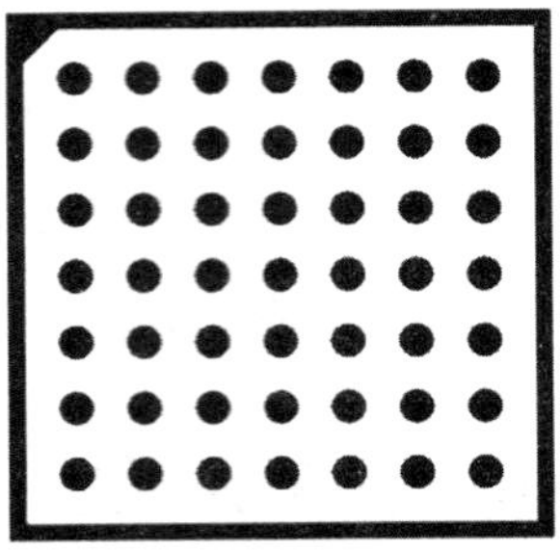

图 9. 3　Halcon 专用标定板

采用算子生成 Halcon 专用标定板的程序如下：

gen _ caltab (:: XNum, YNum, MarkDist, DiameterRatio, CalTabDescrFile, CalTabPSFile :)

上面的程序表示使用算子来制作一个标定板，其中各语句的含义如下：

（1） XNum 表示每行黑色标志圆点的数量；

（2） YNum 表示每列黑色标志圆点的数量；

（3） MarkDist 表示两个就近黑色圆点中心之间的距离，单位是 mm；

（4） DiameterRatio 表示黑色圆点直径与两圆点中心距离的比值；

（5） CalTabDescrFile 表示标定板描述文件的文件路径 （. descr）；

（6） CalTabPSFile 表示标定板图像文件的文件路径 （. ps）。其中 “. descr” 文件为标定板描述文件，“. ps” 文件为标定板图形文件，可以用 photoshop （PS） 打开一个 30×30 的标准标定板的示例

本处已具体输入数值的程序如下：

gen _ caltab (7, 7, 0.00375, 0.5,'E: /halcon/30 _ 30.descr','E: /halcon/30_ 30.ps')

上面各数值的含义如下：

（1） 黑色圆点行数为 7；

（2） 黑色圆点列数为 7；

（3） 外边框长度为 30 mm×30 mm；

（4） 黑色圆点半径为 0. 937 5 mm （3. 75/4）；

（5） 圆点中心间距为 3. 75 mm。

Halcon 专用标定板的摆放，并非标定数量越多，越能取得高的精度，MVtec 公司建议拍摄图像数量为 9 ~ 16 张，并且对摆放位置做了建议，如图 9. 4 所示。Halcon 专用标定板充满标定视野的 1/4 ~ 1/3，对于标定板成像灰度值亮度应大于 128，以便 Halcon 算子能较顺利地提取到标定板，如图 9. 4 所示。摄像机从多角度采集标定板图像的场景如图 9. 5 所示。

图 9.4　标定在不同视角下的场景

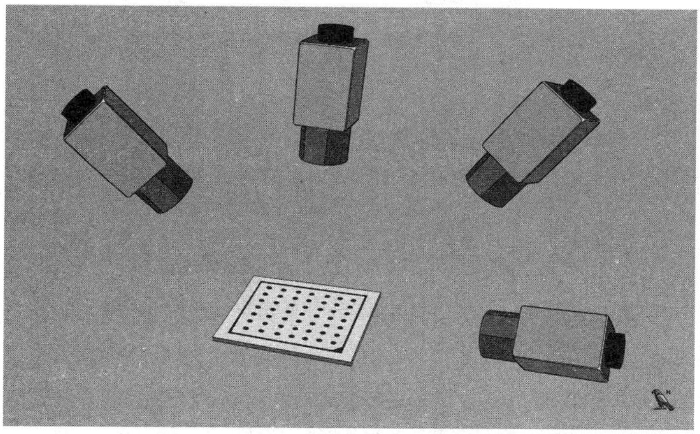

图 9.5　摄像机从多角度采集标定板图像的场景

9.3.3　Halcon 单目摄像机的标定过程

Halcon 单目摄像机的标定过程如下。

（1）初始化摄像机参数，其初始化的程序如下：

```
start CamPar: [f, k, Sx, Sy, Cx, Cy, NumCol, NumRowl]
```

程序中 f 为焦距；k 为初始参数；Sx 为两个相邻像素点的水平距离；Sy 为两个相邻像素点的垂直距离；Cx、Cy 为图像中心点的位置；NumCol，NumRowl 为图像的长和宽。

下面对具体参数进一步说明（这里以 CCD 尺寸为 1/4 in，1 in=0.025 4 m，标定图像分辨率 320×240 为例）。初始参数 k 是 0.019 5，注意在 Halcon 标定中其单位是 m；Sx 和 Sy 是相邻像素的水平和垂直距离，根据 CCD 尺寸可以查得该 CCD 图像传感器芯片的宽和高分别是 3.2mm 和 2.4mm，然后用 320×240 分辨率的图像的宽高去除 3.2 mm 和 2.4 mm，得到 Sx 和 Sy 都是 0.01 mm，则其初始的 $Sx=e^{-0.05}$，$Sy=e^{-0.05}$。Cx 和 Cy 分别是图像中心点的行坐标和列坐标，其值可以初始化为 160 和 120。最后两个参数是 Image Width 和 Image Height，直接采用它的宽、高，即 320 和 240。

（2）读取标定板描述文件里面描述的点（x，y，z），描述文件由 gen_ caltab 生成。

（3）找到标定板的位置。

（4）输出标定点的位置和外部参数。

（5）输出内部参数和所有外部参数。

到第（5）步时，工作已经完成了一半，计算出各个参数后可以用 map image 来还原畸变的图像（使其成为正常图像）或者用坐标转换参数将坐标转换到世界坐标系中。

9.3.4 Halcon 单目摄像机的标定结果

Halcon 单目摄像机的标定内参结果如图 9.6 所示，其中 Focus = 8.689 mm，K = −1 867.8，Sx = 8.653 μm，Sy = 8.600 μm，Cx = 361.63，Cy = 291.83。

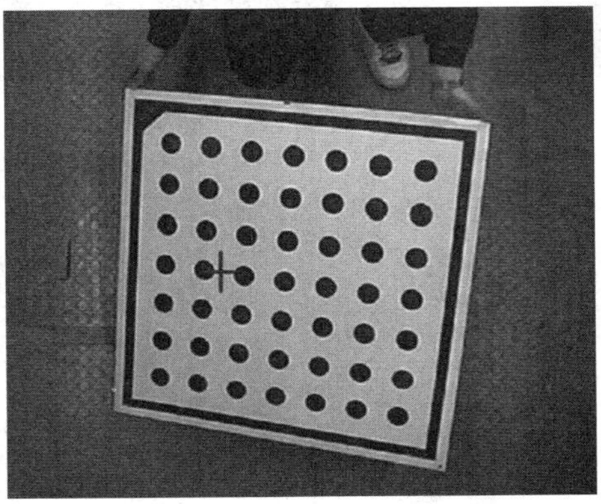

图 9.6　标定内参结果

Halcon 单目摄像机的标定外参结果如图 9.7 所示，[α，β，γ，t_x，t_y，t_z] = [−0.18°，0.33°，0.03°，0.032 m，−0.025 m，2.620 m]。

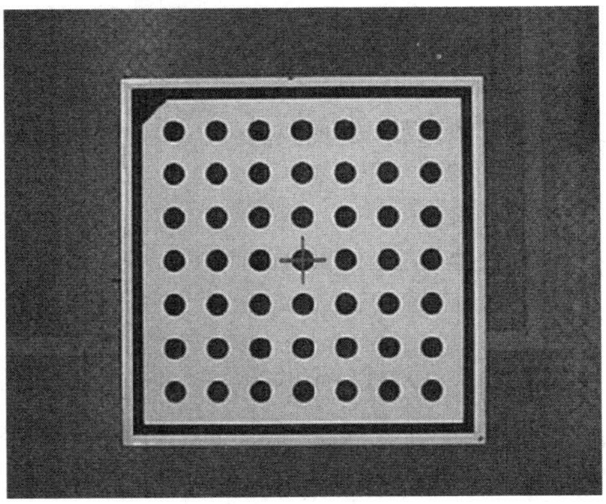

图 9.7　标定外参结果

9.3.5 摄像机标定的作用

摄像机标定可以得到摄像机的外部参数和更加精确的内部参数，还可以矫正镜头畸变。所有光学摄像机的镜头都存在畸变问题，畸变属于成像的几何失真，它是由于焦平面上不同区域对影像的放大率不同而形成的画面扭曲变形现象，这种变形的程度从画面中心至画面边缘依次递增，主要在画面边缘反映得较为明显。利用摄像机标定结果可以对畸变图像进行图像校正，如图 9.8 所示。

图 9.8　利用摄像机标定结果进行图像校正

9.4　Halcon 单目摄像机标定程序

(1) Halcon 单目摄像机内部参数标定参考程序如下：

```
ImgPath : = '3d_ machine_ vision/calib/'
dev_ close_ window ()
dev_ open_ window (0, 0, 652, 494, 'black', WindowHandle)
dev_ update_ off ()
dev_ set_ draw ('margin')
dev_ set_ line_ width (3)
OpSystem : = environment ('OS')
set_ display_ font (WindowHandle, 14, 'mono', 'true', 'false')
*
* 标定摄像机
*
StartCamPar : = [0.016, 0, 0.0000074, 0.0000074, 326, 247, 652, 494]
create_ calib_ data ('calibration_ object', 1, 1, CalibDataID)
set_ calib_ data_ cam_ param (CalibDataID, 0, 'area_ scan_ division', StartCamPar)
set_ calib_ data_ calib_ object (CalibDataID, 0, 'caltab_ 30mm.descr')
NumImages : = 10
* Note, we do not use the image from which the pose of the measurement
```

```
plane can be derived
    for I := 1 to NumImages by 1
        read_image (Image, ImgPath + 'calib_' + I $'02d')
        dev_display (Image)
        find_calib_object (Image, CalibDataID, 0, 0, I, [], [] )
        get_calib_data_observ_contours (Caltab, CalibDataID, '
caltab', 0, 0, I)
        dev_set_color ('green')
        dev_display (Caltab)
    endfor
    calibrate_cameras (CalibDataID, Error)
    get_calib_data (CalibDataID, 'camera', 0, 'params', CamParam)
    *把摄像机内部参数写入文件
    write_cam_par (CamParam, 'camera_parameters.dat')
    Message := 'Interior camera parameters have'
    Message [1] := 'been written to file'
    disp_message (WindowHandle, Message, 'window', 12, 12, 'red', 'false')
    clear_calib_data (CalibDataID)
```

(2) Halcon 单目摄像机外部参数标定参考程序如下：

```
    dev_close_window ()
    dev_update_off ()
    dev_set_draw ('margin')
    read_image (Image, 'scratch/scratch_perspective')
    get_image_pointer1 (Image, Pointer, Type, Width, Height)
    dev_open_window (0, 0, Width, Height, 'black', WindowHandle1)
    set_display_font (WindowHandle1, 14, 'mono', 'true', 'false')
    dev_display (Image)
    disp_continue_message (WindowHandle1, 'black', 'true')
    stop ()
    *
    * step: calibrate the camera
    *
    CaltabName := 'caltab_30mm.descr'
    *确认'CaltabDescrName'在当前目录 HALCONROOT/calib directory，或为其指
定绝对目录
    *StartCamPar := [0.012, 0, 0.0000055, 0.0000055, Width/2, Height/
2, Width, Height]
    StartCamPar := [0.0184898, -548.002, 8.33409e-006, 8.3e-006,
```

```
275.291, 255.374, 640, 480]
    create_calib_data ('calibration_object', 1, 1, CalibDataID)
    set_calib_data_cam_param (CalibDataID, 0, 'area_scan_division', StartCamPar)
    set_calib_data_calib_object (CalibDataID, 0, CaltabName)
    NumImages := 12
    for i := 1 to NumImages by 1
        read_image (Image, 'scratch/scratch_calib_'+i$'02d')
        dev_display (Image)
        find_caltab (Image, Caltab, CaltabName, 3, 112, 5)
        dev_set_color ('green')
        dev_display (Caltab)
        find_marks_and_pose (Image, Caltab, CaltabName, StartCamPar, 128, 10, 18, 0.9, 15, 100, RCoord, CCoord, StartPose)
        dev_set_color ('red')
        disp_circle (WindowHandle1, RCoord, CCoord, gen_tuple_const (|RCoord|, 2.5))
        dev_set_part (0, 0, Height-1, Width-1)
        set_calib_data_observ_points (CalibDataID, 0, 0, i, RCoord, CCoord, 'all', StartPose)
    endfor
    dev_update_time ('on')
    disp_continue_message (WindowHandle1, 'black', 'true')
    stop ()
    calibrate_cameras (CalibDataID, Error)
    get_calib_data (CalibDataID, 'camera', 0, 'params', CamParam)
    get_calib_data (CalibDataID, 'calib_obj_pose', [0, 1], 'pose', PoseCalib)
    write_pose (PoseCalib, 'Externalcamera_parameters.dat')
```

9.5 手眼系统标定的目的

对于一个带有视觉的机器人系统来说，摄像机所获得的所有信息都是在摄像机坐标系下描述的。要想让机器人利用视觉系统得到的信息，首先就要确定摄像机坐标系与机器人之间的相对关系，这便是机器人手眼系统标定的内容。

手眼系统（Hand Eye System）：由摄像机和机械手构成的机器人视觉系统，摄像机安装在机械手末端并随机械手一起运动的视觉系统称为眼在手上（Eye In Hand）式手眼系统，如图 9.9（a）所示；摄像机不安装在机械手末端，且摄像机不随机械手运动的视觉系统称为眼在手外（Eye To Hand）式手眼系统，如图 9.9（b）所示。

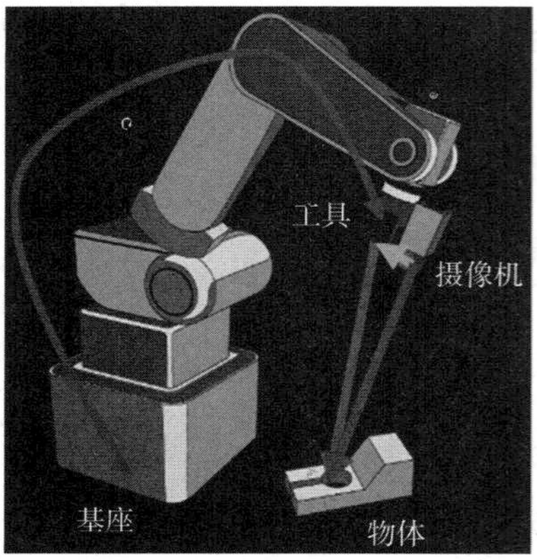

（a）

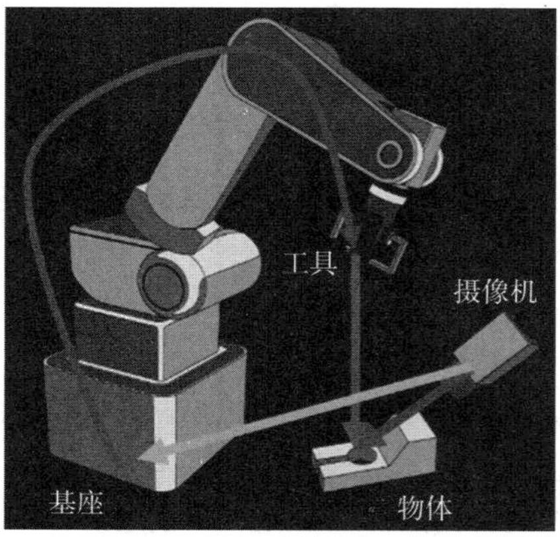

（b）

图 9.9　手眼系统示意

（a）眼在手上（Eye In Hand）式手眼系统；（b）眼在手外（Eye To Hand）式手眼系统

眼在手上式手眼系统：也即摄像头安装在机械臂上，会随着机械臂的运动而发生运动。眼在手外式手眼系统：即摄像头安装在手臂之外的部分与机器人的基座（世界坐标系）相对固定，不随着机械臂的运动而运动。这两个方式的求解略有不同，但基本原理相似。

针对手眼系统的标定，一是求取摄像机坐标系与机器人基座坐标系之间的关系（Eye-To-Hand），二是求取机器人末端连杆坐标系和与其相连接的摄像机或标定板坐标系之间的关系（Eye-In-Hand）。

下面以眼在手外式手眼系统为例进行说明。

如图 9.10 所示，图中的坐标系含义如下：

(1) $\{B\}$ 为机器人基座坐标系；

(2) $\{E\}$ 为机器人末端连杆（与标定板固连的连杆）坐标系；

(3) $\{K\}$ 为标定板坐标系；

(4) $\{C\}$ 为摄像机坐标系。

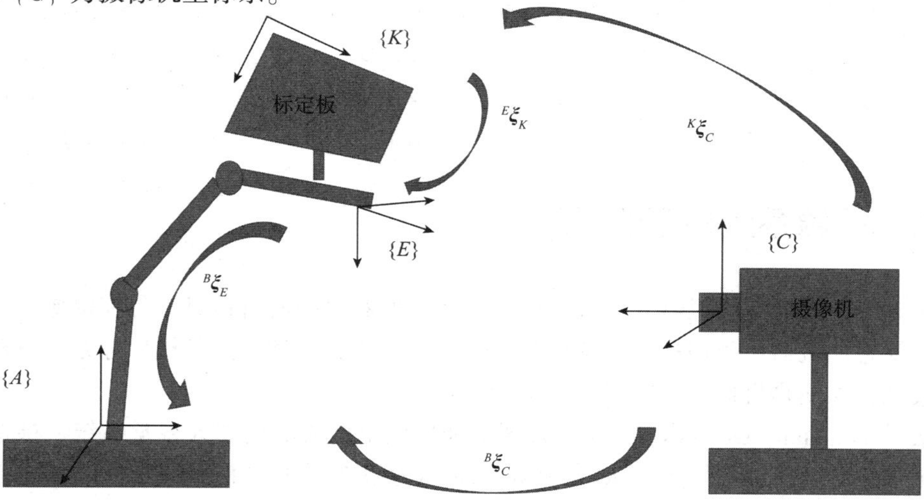

图 9.10　眼在手外式手眼系统的示意

它们之间的坐标位姿关系如下：

(1) ${}^{B}\boldsymbol{\xi}_{E}$：机器人末端连杆坐标系相对于机器人基座坐标系的位姿；或对 $\{B\}$ 施加平移和旋转使之转化为 $\{E\}$；

(2) ${}^{E}\boldsymbol{\xi}_{K}$：标定板坐标系相对于机器人末端连杆坐标系的位姿，由于标定板是随意安装的，所以该位姿未知；

(3) ${}^{K}\boldsymbol{\xi}_{C}$：摄像机坐标系相对于标定板坐标系的位姿，这个其实就是求解摄像机的外部参数；

(4) ${}^{B}\boldsymbol{\xi}_{C}$：摄像机坐标系相对于机器人基座坐标系的位姿，即为求解目标 ${}^{B}\boldsymbol{\xi}_{C}={}^{B}\boldsymbol{\xi}_{E}\cdot{}^{E}\boldsymbol{\xi}_{K}\cdot{}^{K}\boldsymbol{\xi}_{C}$，所以，只要计算得到变换 ${}^{E}\boldsymbol{\xi}_{K}$，那么摄像机坐标系相对于机器人基座坐标系的位姿 ${}^{B}\boldsymbol{\xi}_{C}$ 也就自然得到了。这就是眼在手外式手眼系统中要进行手眼标定的目的。

9.6 手眼系统标定过程

9.6.1 眼在手外式手眼系统标定过程

如图 9.11 所示，我们让机器人运动到两个位姿，保证这两个位姿都能使得摄像头看到标定板，于是有

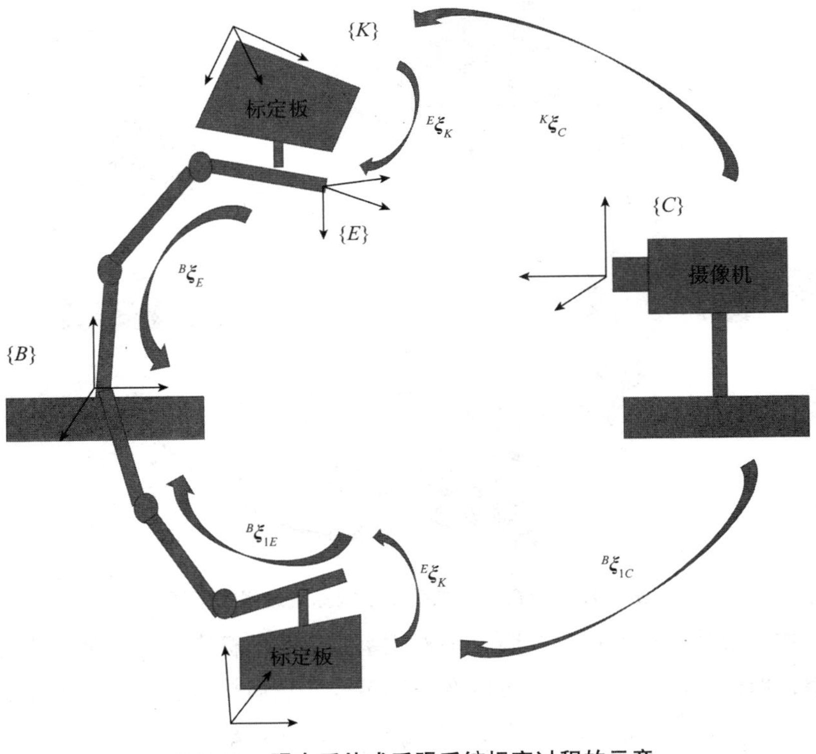

图 9.11　眼在手外式手眼系统标定过程的示意

$$^{B}\boldsymbol{\xi}_{E}\cdot{}^{E}\boldsymbol{\xi}_{K}\cdot{}^{K}\boldsymbol{\xi}_{C}={}^{B}\boldsymbol{\xi}_{1E}\cdot{}^{E}\boldsymbol{\xi}_{K}\cdot{}^{K}\boldsymbol{\xi}_{1C} \tag{9.24}$$

因为标定板与机器人末端连杆是固定的，所以 $^{E}\boldsymbol{\xi}_{K}$ 变换也是固定不变的。稍微变换一下则有

$$({}^{B}\boldsymbol{\xi}_{1E}{}^{-1}\cdot{}^{B}\boldsymbol{\xi}_{E})\cdot{}^{E}\boldsymbol{\xi}_{K}={}^{E}\boldsymbol{\xi}_{K}\cdot({}^{K}\boldsymbol{\xi}_{1C}\cdot{}^{K}\boldsymbol{\xi}_{C}{}^{-1}) \tag{9.25}$$

这是一个典型的 $\boldsymbol{A}\cdot\boldsymbol{X}=\boldsymbol{X}\cdot\boldsymbol{B}$ 问题，而且根据定义，其中的 $\boldsymbol{X}$ 是一个 4×4 齐次变换矩阵，即

$$\boldsymbol{X}=\begin{pmatrix}\boldsymbol{R} & \boldsymbol{t}\\ \boldsymbol{O} & 1\end{pmatrix} \tag{9.26}$$

9.6.2 眼在手上式手眼系统标定过程

如图 9.12 所示，其中各坐标位姿关系如下：

$^{B}\boldsymbol{\xi}_{E}$：机器人末端连杆坐标系相对于机器人基座坐标系的位姿；

$^{E}\boldsymbol{\xi}_{C}$：摄像机坐标系相对于机器人末端连杆坐标系的位姿，这个变换是固定的，只要知道这个变换，就可以随时计算摄像机的实际位置，所以，$\{\boldsymbol{B}\}$ 为求解目标；

$^{C}\boldsymbol{\xi}_{K}$：摄像机坐标系相对于标定板坐标系的位姿，这个其实就是求解摄像机的外部参数。

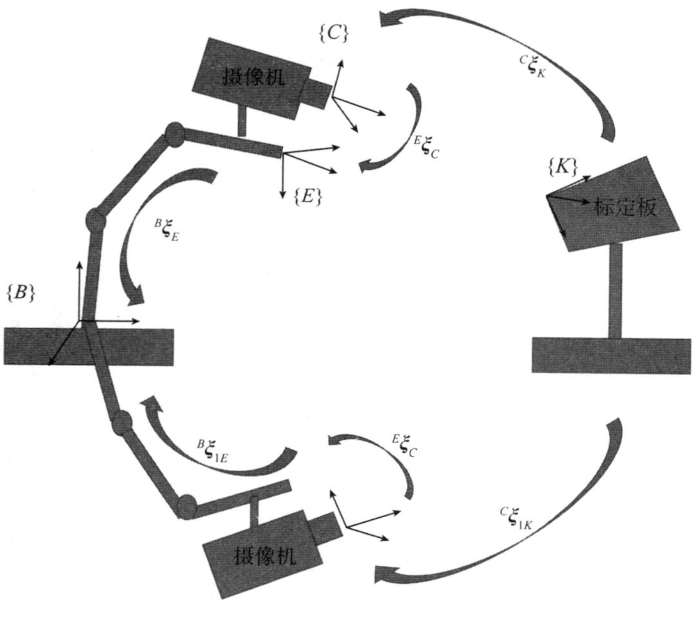

图 9.12 眼在手上式手眼系统标定过程的示意

眼在手上式手眼系统标定过程与眼在手外式手眼系统的标定过程类似，直接让机器人运动到两个位姿，保证这两个位姿下都可以看到标定板。然后构建空间变换回路，于是有

$$^{B}\boldsymbol{\xi}_{E}\cdot{}^{E}\boldsymbol{\xi}_{C}\cdot({}^{K}\boldsymbol{\xi}_{C})^{-1}={}^{B}\boldsymbol{\xi}_{1E}\cdot{}^{E}\boldsymbol{\xi}_{C}\cdot({}^{K}\boldsymbol{\xi}_{1C})^{-1}$$

$$^{B}\boldsymbol{\xi}_{E}\cdot{}^{E}\boldsymbol{\xi}_{C}\cdot{}^{C}\boldsymbol{\xi}_{K}={}^{B}\boldsymbol{\xi}_{1E}\cdot{}^{E}\boldsymbol{\xi}_{C}\cdot{}^{C}\boldsymbol{\xi}_{1K} \tag{9.27}$$

$$({}^{B}\boldsymbol{\xi}_{1E}{}^{-1}\cdot{}^{B}\boldsymbol{\xi}_{E})\cdot{}^{E}\boldsymbol{\xi}_{C}={}^{E}\boldsymbol{\xi}_{C}\cdot({}^{K}\boldsymbol{\xi}_{1C}{}^{-1}\cdot{}^{K}\boldsymbol{\xi}_{C}) \tag{9.28}$$

9.6.3　求解线性方程 $A \cdot X = X \cdot B$

X 的求解方法主要有：旋转平移解耦法、共同标定法和数学法。下面重点介绍旋转平移解耦法，如图 9.13 所示。

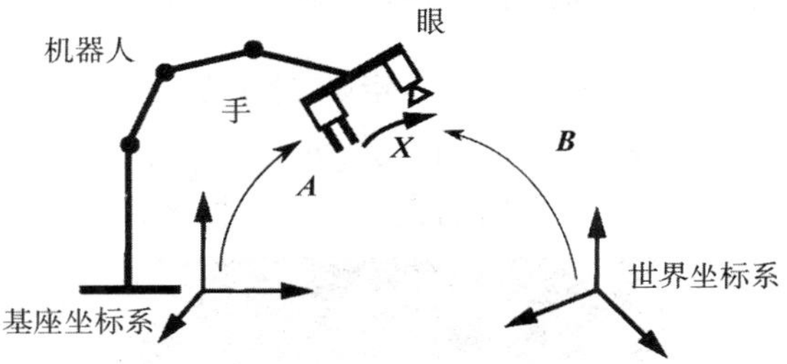

图 9.13　旋转平移解耦法

将公式 $A \cdot X = X \cdot B$ 中的旋转分量和平移分量解耦来求解是最基本的方法。假设 $A \cdot X = X \cdot B$ 可转化为

$$A = \begin{pmatrix} R_A & T_A \\ O^T & 1 \end{pmatrix},\ B = \begin{pmatrix} R_B & T_B \\ O^T & 1 \end{pmatrix},\ X = \begin{pmatrix} R_X & T_X \\ O^T & 1 \end{pmatrix}$$

则有

$$R_A R_X = R_X R_B \tag{9.29}$$

$$R_A T_X + T_A = R_X T_B + T_X \tag{9.30}$$

式（9.30）中已知 R_A、R_B、T_B、T_A，且 R_A，R_B、R_X 均为正交单位矩阵，R_X、T_X 需要求解。

利用轴角表示法求解旋转分量，即

$$Sk(k_{R_{A_1}} + k_{R_{B_1}})k'_{R_x} = k_{R_{A_1}} - k_{R_{B_1}} \tag{9-31}$$

$$k_{R_x} = \frac{2k'_{R_x}}{\sqrt{1 - |k'_{R_x}|^2}}$$

$$Sk(k) = \begin{pmatrix} 0 & -k_z & k_y \\ k_z & 0 & -k_x \\ -k_y & k_x & 0 \end{pmatrix}$$

式中，$k_{R_{A_1}}$、$k_{R_{B_1}}$、k_{R_x} 为轴角表示法中的旋转轴，旋转角度 θ 为

$$\theta = 2\arctan(|k'_{R_x}|) \tag{9.32}$$

根据上式利用旋转矩阵的性质，可首先求解出旋转部分 R_X，将求得的 R_X 回代即可求得平移部分 T_X。使用旋转平移解耦法有两点要求：

（1）摄像机的内部参数已知；

（2）机器人产生两组刚体变换，且两次变换的旋转轴不能平行。通过式（9.31）建立方程组，采用最小二乘法解方程组求解 k'_{R_x}，进而求解 k_{R_x}。在一定范围内，增加采集位姿数量能提高算法标定结果的刚度。

9.7 Halcon 六轴关节固定摄像机手眼标定案例

9.7.1 Halcon 六轴关节固定摄像机手眼标定步骤

按照9.2节中的标定算法，首先准备标定数据模型，然后进行手眼系统标定，如图9.14所示。采用眼在手外式手眼系统，标定板被固定在机器人手爪上，按照前文所述的方法，注意标定板的位置摆放要求，以及机器人运动学上的要求，保证手眼标定的标定精度。

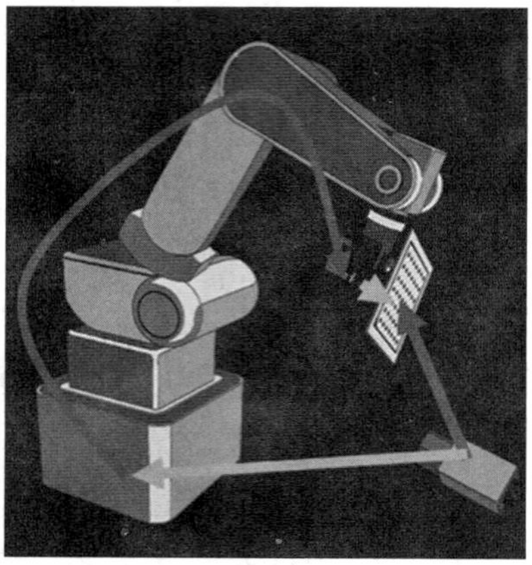

图9.14　手眼标定系统

9.7.2 Halcon 六轴关节固定摄像机手眼标定变换关系

图9.10为Halcon六轴关节固定摄像机手眼标定各坐标之间的变换关系，求解目标为 ${}^{B}\boldsymbol{\xi}_{C} = {}^{B}\boldsymbol{\xi}_{E} \cdot {}^{E}\boldsymbol{\xi}_{K} \cdot {}^{K}\boldsymbol{\xi}_{C}$。

9.7.3 Halcon 六轴关节固定摄像机手眼标定参考程序

Halcon六轴关节固定摄像机手眼标定参考程序如下：

```
* 关闭程序计数器，变量更新，图像更新窗口
dev_ update_ off ()
* 校正图像路径
ImageNameStart : = '3d_ machine_ vision/handeye/stationarycam_
calib3cm_'
* 机器人工具坐标系的位姿
DataNameStart : = 'handeye/stationarycam_'
* 校正图像的数目
NumImages : = 17
* 读取一张图像
read_ image (Image, ImageNameStart +'00')
```

```
*获取图像的大小
get_ image_ size (Image, Width, Height)
*关闭已经打开的窗口
dev_ close_ window ()
*打开新窗口
dev_ open_ window (0, 0, Width, Height, 'black', WindowHandle)
*设置线宽
dev_ set_ line_ width (2)
*设置区域填充方式为 margin
dev_ set_ draw ('margin')
*显示图像
dev_ display (Image)
*设置字体
set_ display_ font (WindowHandle, 14, 'mono', 'true', 'false')
**************************) *) **********
准备手眼标定的数据
****************************************
*标定板描述文件
CalTabFile : = 'caltab_ 30mm.descr'
*读取摄像机内部参数
read_ cam_ par (DataNameStart + 'start_ campar.dat', StartCamParam)
*创建手眼标定模型
create_ calib_ data ('hand_ eye_ stationary_ cam', 1, 1, CalibDa-
taID)
*对手眼标定模型设置摄像机内部参数
set_ calib_ data_ cam_ param (CalibDataID, 0, 'area_ scan_
division', StartCamParam)
*对手眼标定模型设置标定板描述文件
set_ calib_ data_ calib_ object (CalibDataID, 0, CalTabFile)
*采用非线性算法获取精确校准姿态
set_ calib_ data (CalibDataID, 'model', 'general', 'optimization_
method', 'nonlinear')
disp_ message (WindowHandle, 'The calibration data model was
created', 'window', 12, 12, 'black', 'true')
disp_ continue_ message (WindowHandle, 'black', 'true')
stop ()
****************************************
```

```
获取标定板 MARK 点坐标和标定板坐标系相对于摄像机坐标系的位姿
* * * * * * * * * * * * * * * * * * * * * * * * * * * * * * * * * * * * * * * * * *
    for I : = 0 to NumImages - 1 by 1
        * 读取含标定板的图像
        read_ image (Image, ImageNameStart + I $'02d')
        * 寻找标定板对象
        find_ calib_ object (Image, CalibDataID, 0, 0, I, [], [] )
        * 获取标定板轮廓
         get _ calib _ data _ observ _ contours (Caltab, CalibDataID,
'caltab', 0, 0, I)
        * 获取标定板 MARK 点坐标和标定板坐标系相对于摄像机坐标系的位姿
        get_ calib_ data_ observ_ points (CalibDataID, 0, 0, I, RCoord,
CCoord, Index, CalObjInCamPose)
        dev_ set_ color ('green')
        dev_ display (Image)
        dev_ display (Caltab)
        dev_ set_ color ('yellow')
        disp_ cross (WindowHandle, RCoord, CCoord, 6, 0)
        dev_ set_ colored (3)
        disp_ 3d_ coord_ system (WindowHandle, StartCamParam, CalObjIn-
CamPose, 0.01)
        * 读取机器人基座坐标系下机器人工具位姿
        read_ pose (DataNameStart + 'robot_ pose_' + I $'02d' + '.dat',
ToolInBasePose)
        * 将机器人基座坐标系相对于机器人工具坐标系的位姿设置到手眼标定模型里
        set_ calib_ data (CalibDataID, 'tool', I, 'tool_ in_ base_ pose',
ToolInBasePose)
        * Uncomment to inspect visualization
        disp_ message (WindowHandle, 'Extracting data from calibration
image ' + (I + 1) + ' of ' + NumImages, 'window', -1, -1, 'black', 'true')
        disp_ continue_ message (WindowHandle, 'black', 'true')
        wait_ seconds (1)
    endfor
    disp_ message (WindowHandle, 'All relevant data has been set in the
calibration data model', 'window', 12, 12, 'black', 'true')
    disp_ continue_ message (WindowHandle, 'black', 'true')
    stop ()
```

```
*****************************************
执行手眼标定
*****************************************
    dev_display(Image)
    disp_message(WindowHandle, 'Performing the hand-eye calibration',
'window', 12, 12, 'black', 'true')
    *执行手眼标定
    calibrate_hand_eye(CalibDataID, Errors)
    *查询手眼标定的错误情况
    get_calib_data(CalibDataID, 'model', 'general', 'camera_calib_er-
ror', CamCalibError)
    * Query the camera parameters and the poses
    *获取校正后摄像机内部参数
    get_calib_data(CalibDataID, 'camera', 0, 'params', CamParam)
    *获取摄像机坐标系下机器人基座的位姿
    get_calib_data(CalibDataID, 'camera', 0, 'base_in_cam_pose',
BaseInCamPose)
    *获取机器人工具坐标系下校正对象的位姿
    get_calib_data(CalibDataID, 'calib_obj', 0, 'obj_in_tool_pose',
ObjInToolPose)
    *错误对话框是否被抑制
    dev_get_preferences('suppress_handled_exceptions_dlg', Pref-
erenceValue)
    dev_set_preferences('suppress_handled_exceptions_dlg', 'true')
*****************************************
保存手眼标定的结果到本地硬盘
*****************************************
    try
        *保存摄像机内部参数到本地文件
        write_cam_par(CamParam, DataNameStart + 'final_campar.dat')
        *将摄像机坐标系下的机器人基座位姿保存到本地硬盘
        write_pose(BaseInCamPose, DataNameStart + 'final_pose_cam_
base.dat')
        *将机器人工具坐标系下的校正对象的位姿保存到本地硬盘
        write_pose(ObjInToolPose, DataNameStart + 'final_pose_tool_
calplate.dat')
    catch(Exception)
```

```
        * Do nothing
    endtry
    dev_ set_ preferences ('suppress_ handled_ exceptions_ dlg', Pref-
erenceValue)
    * Display calibration errors of the hand-eye calibration
    disp_ results (WindowHandle, CamCalibError, Errors)
    disp_ continue_ message (WindowHandle, 'black', 'true')
    stop ()
****************************************
计算摄像机坐标系下校正对象的位姿
****************************************
    *查询摄像机，校正对象，校正对象位姿的相对关系
    query_ calib_ data_ observ_ indices (CalibDataID, 'camera', 0, Cali-
bObjIdx, PoseIds)
    for I : = 0 to NumImages - 1 by 1
        read_ image (Image, ImageNameStart + I $'02d')
        *获取机器人基准坐标系中机器人工具的姿态
        get_ calib_ data (CalibDataID, 'tool', PoseIds [I], 'tool_ in_
base_ pose', ToolInBasePose)
        dev_ display (Image)
        *计算摄像机坐标系下校正对象的位姿
        calc_ calplate_ pose_ stationarycam (ObjInToolPose, BaseInCam-
Pose, ToolInBasePose, CalObjInCamPose)
        dev_ set_ colored (3)
        disp_ 3d_ coord_ system (WindowHandle, CamParam, CalObjInCam-
Pose, 0.01)
        Message : = 'Using the calibration results to display the'
        Message [1] : = 'coordinate system in image ' + (I + 1) + ' of ' + Nu-
mImages
        disp_ message (WindowHandle, Message, 'window', 12, 12, 'black', '
true')
        if (I < NumImages - 1)
            disp_ continue_ message (WindowHandle, 'black', 'true')
            stop ()
        endif
    endfor
    *释放手眼标定模板内存
```

```
    clear_ calib_ data (CalibDataID)
    *
***************************************
获取机器人基座坐标系中校正对象的位姿
***************************************
    ObjInCamPose : = CalObjInCamPose
    *获取机器人基座坐标系下摄像机的位姿
    pose_ invert (BaseInCamPose, CamInBasePose)
    *获取机器人基座坐标系中校正对象的位姿
    pose_ compose (CamInBasePose, ObjInCamPose, ObjInBasePose)
```

图 9.15 所示为在程序运行中通过摄像机标定建立世界坐标系。

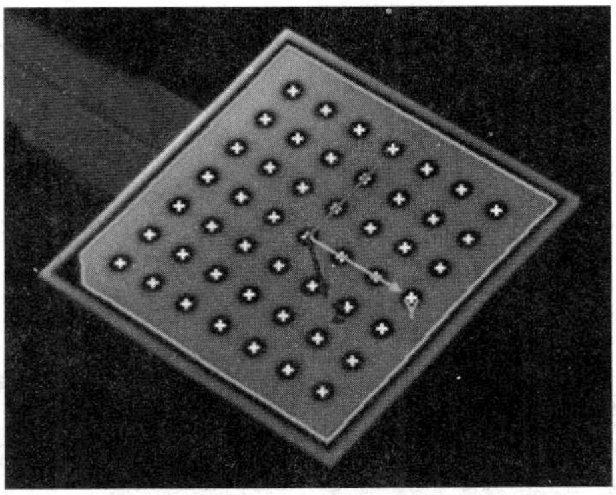

图 9.15　建立世界坐标系

图 9.16 所示为在程序结束后得到的手眼标定结果。

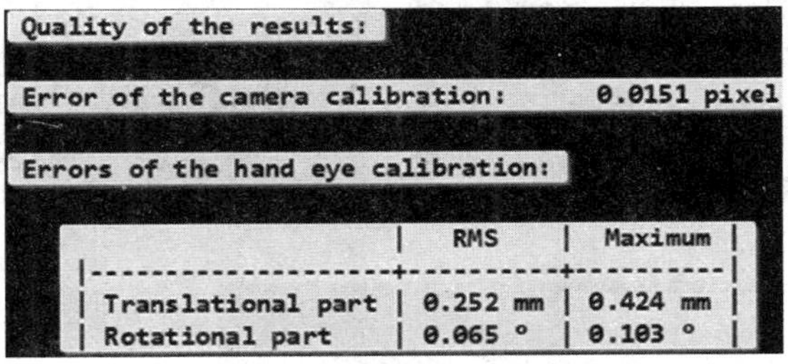

图 9.16　手眼标定结果

9.8　2D 抓取应用案例

机器人视觉系统（手眼系统）主要由工业机器人、2D 摄像机和 3D 摄像机组成，形式上有眼在手上式和眼在手外式两种，可以完成零件的无序抓取，其拓展了机器人的应用范围。图 9.17 所示为利用 2D 摄像机抓取零件的场景，利用 3D 摄像机抓取零件的流程和原理相似，主要区别是在利用手眼标定得到摄像机坐标系和机器人基座坐标系的关系的过程中，2D 摄像机和 3D 摄像机得到零件姿态的方法不同。

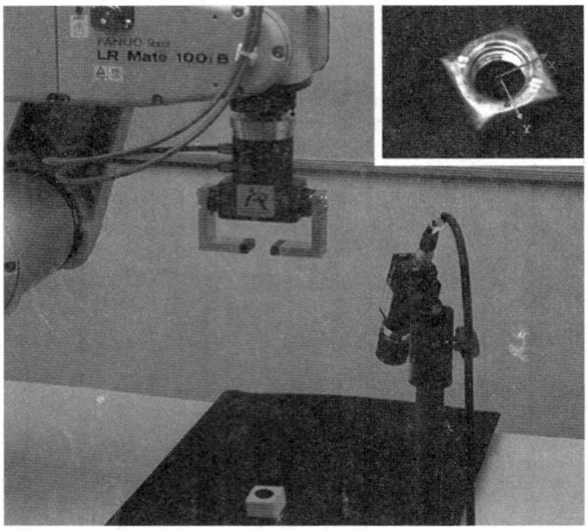

图 9.17 利用 2D 摄像机抓取零件的场景

抓取姿态确定流程如图 9.18 所示：

(1) 手眼标定：获取摄像机坐标系下机器人基座的位姿 $^{B}\boldsymbol{\xi}_{C}$；

(2) 在摄像机坐标系下，获取零件位姿；

(3) 在机器人基座坐标系下，获取零件位姿（抓取位姿）；

(4) 在摄像机坐标系下，获取当前工具位姿 $^{C}\boldsymbol{\xi}_{E}={}^{C}\boldsymbol{\xi}_{B}\cdot{}^{B}\boldsymbol{\xi}_{E}$；

(5) 在机器人基座坐标系下转换工具位姿到抓取位姿。

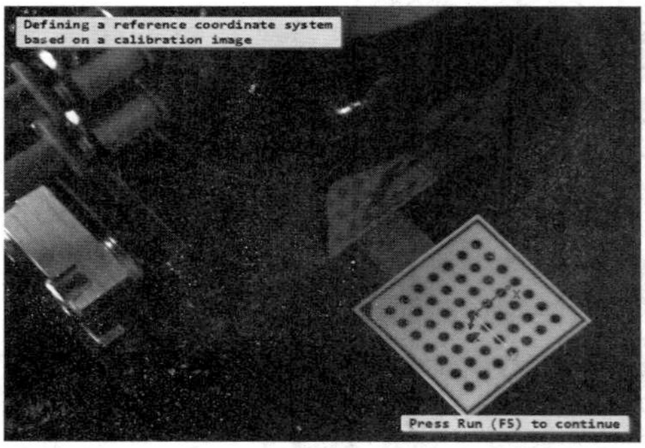

(a)

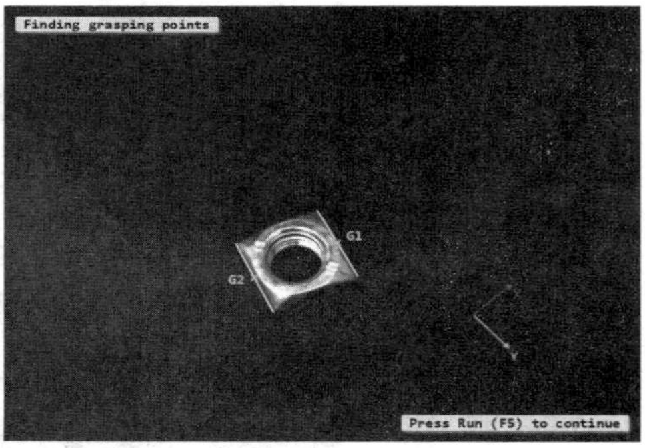

(b)

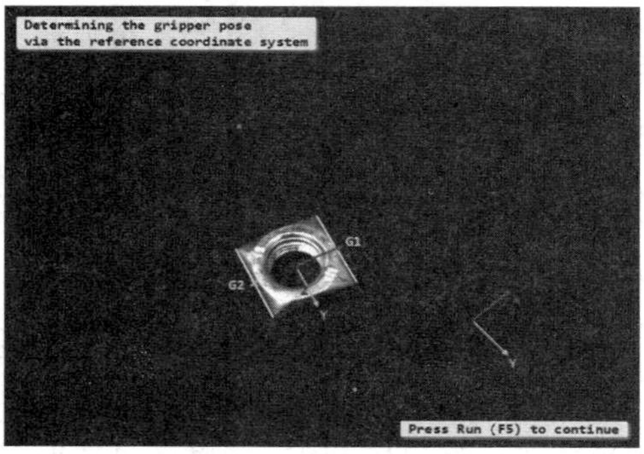

(c)

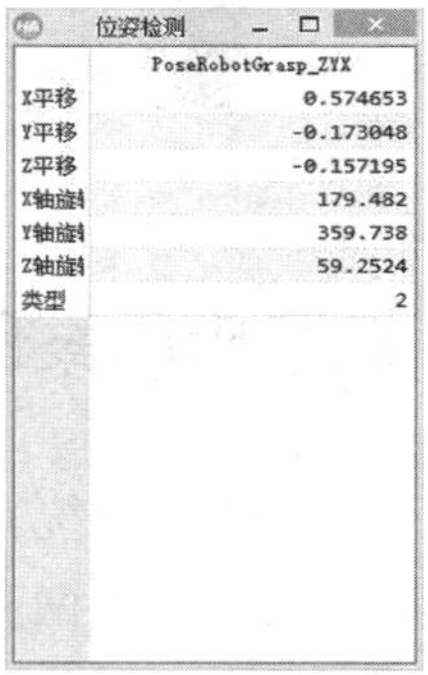

(d)

图 9.18 抓取姿态确立流程

(a) 手眼标定；(b) 获取零件全局描述；(c) 获取零件抓取点；(d) 输出抓取位姿

此例的参考程序如下：

```
*关闭程序计数器，变量更新，图像更新窗口
dev_update_off()
*关闭打开的窗口
dev_close_window()
*校正图像和数据路径
ImageNameStart := '3d_machine_vision/handeye/stationarycam_'
DataNameStart := 'handeye/stationarycam_'
*读取图像
read_image(Image, ImageNameStart + 'nut12_square')
*获取图像的大小
get_image_size(Image, Width, Height)
*打开新窗口
dev_open_window_fit_image(Image, 0, 0, Width, Height, WindowHan-
dle)
*设置区域：填充方式为边缘
dev_set_draw('margin')
*设置线宽度
dev_set_line_width(2)
*设置字体信息：字体大小为 14；字体类型为 mono；粗体
set_display_font(WindowHandle, 14, 'mono', 'true', 'false')
*显示图像
dev_display(Image)
disp_message(WindowHandle, 'Object to grasp', 'window', 12, 12, '
black', 'true')
****************************************
第一，读取手眼标定结果
****************************************
*读取手眼标定后的摄像机内部参数
read_cam_par(DataNameStart + 'final_campar.dat', CamParam)
*读取摄像机坐标系下的机器人坐标系的位姿
read_pose(DataNameStart + 'final_pose_cam_base.dat', BaseInCam-
Pose)
*将位姿转换为齐次变换矩阵
pose_to_hom_mat3d(BaseInCamPose, cam_H_base)
*读取机器人工具坐标系下的标定板对象的位姿
read_pose(DataNameStart + 'final_pose_tool_calplate.dat', Cal-
```

```
plateInToolPose)
    *将位姿转换为齐次变换矩阵
    pose_to_hom_mat3d(CalplateInToolPose, tool_H_calplate)
    *读取机器人工具坐标系下的夹具的位姿
    read_pose(DataNameStart + 'pose_tool_gripper.dat', GripperIn-
ToolPose)
    *将位姿转换为齐次变换矩阵
    pose_to_hom_mat3d(GripperInToolPose, tool_H_gripper)
    stop()
****************************************
第二，设置参考坐标系，并获取抓取位置
****************************************
    *标定板描述文件
    CalplateFile := 'caltab_30mm.descr'
    *定义参考坐标系
    define_reference_coord_system(ImageNameStart + 'calib3cm_00',
CamParam, CalplateFile, WindowHandle, PoseRef)
    *将参考坐标系位姿转换为齐次变换矩阵
    pose_to_hom_mat3d(PoseRef, cam_H_ref)
    Message := 'Defining a reference coordinate system'
    Message[1] := 'based on a calibration image'
    disp_message(WindowHandle, Message, 'window', 12, 12, 'black', '
true')
    disp_continue_message(WindowHandle, 'black', 'true')
    stop()
    *显示图像
    dev_display(Image)
    *显示参考坐标系
    disp_3d_coord_system(WindowHandle, CamParam, PoseRef, 0.01)
    *设置输出对象的颜色
    dev_set_color('yellow')
    *对图像进行阈值，分割出零件区域
    threshold(Image, BrightRegion, 60, 255)
    *对分割出的区域进行连通性处理
    connection(BrightRegion, BrightRegions)
    *过滤出最大的区域
```

```
select_ shape (BrightRegions, Nut, 'area', 'and', 500, 99999)
*对过滤出的区域进行填充
fill_ up (Nut, NutFilled)
*将区域转换为轮廓
gen_ contour_ region_ xld (NutFilled, NutContours, 'border')
*将轮廓分割为线轮廓
segment_ contours_ xld (NutContours, LineSegments, 'lines', 5, 4, 2)
fit_ line_ contour_ xld (LineSegments, 'tukey', -1, 0, 5, 2, RowBegin,
ColBegin, RowEnd, ColEnd, Nr, Nc, Dist)
gen_ empty_ obj (Lines)
for I : = 0 to |RowBegin| - 1 by 1
    gen_ contour_ polygon_ xld (Contour, [RowBegin [I], RowEnd
[I] ], [ColBegin [I], ColEnd [I] ] )
    concat_ obj (Lines, Contour, Lines)
endfor
*根据线集合生成轮廓
gen_ polygons_ xld (Lines, Polygon, 'ramer', 2)
*提取并行的 XLD
gen_ parallels_ xld (Polygon, ParallelLines, 50, 100, rad (10), 'true')
*显示 XLD
dev_ display (ParallelLines)
*返回一个 XLD 并行的数据
get_ parallels_ xld (ParallelLines, Row1, Col1, Length1, Phi1, Row2,
Col2, Length2, Phi2)
*获取零件 4 个交点的位置坐标
CornersRow : = [Row1 [0], Row1 [1], Row2 [0], Row2 [1] ]
CornersCol : = [Col1 [0], Col1 [1], Col2 [0], Col2 [1] ]
****************************************
第三，在摄像机坐标系下，获取抓取位姿 cam_ H_ grasp
****************************************
*方法一：把角点转换到参考坐标系并获取抓取位置
*PoseRef 为零件坐标系位姿，将零件坐标系位姿从图像坐标系转换为世界坐标系下
image_ points_ to_ world_ plane (CamParam, PoseRef, CornersRow, Cor-
nersCol, 'm', CornersX_ ref, CornersY_ ref)
*零件的中心坐标
CenterPointX_ ref : = sum (CornersX_ ref) * 0.25
```

```
CenterPointY_ref := sum(CornersY_ref) * 0.25
*零件抓取位置的坐标和角度
GraspPointsX_ref := [(CornersX_ref[0] + CornersX_ref[1]) * 0.5, (CornersX_ref[2] + CornersX_ref[3]) * 0.5]
GraspPointsY_ref := [(CornersY_ref[0] + CornersY_ref[1]) * 0.5, (CornersY_ref[2] + CornersY_ref[3]) * 0.5]
GraspPhiZ_ref := atan((GraspPointsY_ref[1] - GraspPointsY_ref[0])/(GraspPointsX_ref[1] - GraspPointsX_ref[0]))
*对参考坐标系进行平移和旋转变换
affine_trans_point_3d(cam_H_ref, GraspPointsX_ref, GraspPointsY_ref, [0, 0], GraspPointsX_cam, GraspPointsY_cam, GraspPointsZ_cam)
*将抓取点位置投影到图像坐标系下
project_3d_point(GraspPointsX_cam, GraspPointsY_cam, GraspPointsZ_cam, CamParam, GraspPointsRow, GraspPointsCol)
*显示抓取位置G1, G2
display_grasping_points(GraspPointsRow, GraspPointsCol, WindowHandle)
disp_message(WindowHandle, 'Finding grasping points', 'window', -1, -1, 'black', 'true')
disp_continue_message(WindowHandle, 'black', 'true')
stop()
*构建参考坐标系到零件坐标系的齐次变换矩阵
hom_mat3d_identity(HomMat3DIdentity)
hom_mat3d_rotate(HomMat3DIdentity, GraspPhiZ_ref, 'z', 0, 0, 0, HomMat3D_RZ_Phi)
hom_mat3d_translate(HomMat3D_RZ_Phi, CenterPointX_ref, CenterPointY_ref, 0, ref_H_grasp)
*摄像机坐标系下参考坐标系位姿和参考坐标系下零件抓取坐标位姿相乘，从而获取摄像机坐标系下抓取位置位姿
hom_mat3d_compose(cam_H_ref, ref_H_grasp, cam_H_grasp)
hom_mat3d_to_pose(cam_H_grasp, GripperInCamPose)
*设置输出对象的颜色数
dev_set_colored(3)
*显示零件坐标系
disp_3d_coord_system(WindowHandle, CamParam, GripperInCamPose,
```

```
0.01)
    Message : = 'Determining the gripper pose'
    Message [1] : = 'via the reference coordinate system'
    disp_ message (WindowHandle, Message, 'window', 12, 12, 'black', '
true')
    disp_ continue_ message (WindowHandle, 'black', 'true')
    stop ()
*************************************
第四，在机器人坐标系下转换抓取位姿
*************************************
    * base_ H_ tool = base_ H_ cam * cam_ H_ ref * ref_ H_ grasp * grip-
per_ H_ tool (来源于手眼标定数据，ref 代表标定板)
    *反转摄像机坐标下机器人底座的位姿，从而获取机器人坐标系下摄像机的位姿
    hom_ mat3d_ invert (cam_ H_ base, base_ H_ cam)
    *将机器人坐标系下摄像机位姿和摄像机坐标系下夹具位姿相乘（反求，另一路径），
从而获取机器人坐标系下夹具位姿。
    hom_ mat3d_ compose (base_ H_ cam, cam_ H_ grasp, base_ H_ grasp)
    *反转机器人工具坐标系下夹具位姿，从而获取夹具坐标系下机器人工具位姿
    hom_ mat3d_ invert (tool_ H_ gripper, gripper_ H_ tool)
    *机器人坐标系下夹具位姿和夹具坐标系下机器人工具位姿相乘，从而获取机器人坐标
下机器人工具的位姿
    hom_ mat3d_ compose (base_ H_ grasp, gripper_ H_ tool, base_ H_
tool)
    *将机器人坐标下机器人工具的其次变换矩阵转换位姿
    hom_ mat3d_ to_ pose (base_ H_ tool, PoseRobotGrasp)
*************************************
第五，转换位姿类型
*************************************
    *转换机器人的位姿类型
    convert_ pose_ type (PoseRobotGrasp, 'Rp+T', 'abg', 'point', PoseRo-
botGrasp_ ZYX)
    dev_ inspect_ ctrl (PoseRobotGrasp_ ZYX)
```

第 10 章

基于几何信息的工业机器人应用

机器人离线编程是基于几何信息的典型应用，它是指操作者在编程软件里构建整个机器人工作应用场景的三维虚拟环境，然后根据加工工艺等相关需求，进行一系列操作，自动生成机器人的运动轨迹，即控制指令，然后在软件中进行仿真与调整轨迹，最后生成执行程序并传输给机器人。机器人使用的基础语言类似于汇编语言。由于工业机器人的可靠性与持久性，因此机器人生产商必须提供产品的“向下兼容”，因此，机器人编程语言发展缓慢。数控机床使用的 G 代码程序在 20 世纪 50 年代被引入我国，出现在数控技术产生后不久，现今大部分数控机床（CNC）都使用 G 代码编程。但是对于工业机器人来说却没有通用的编程语言。

10.1 RoboDK

RoboDK 是基于几何信息的离线编程仿真软件，使用现代编程语言，如 Java、C#和 Python 等。它是一款工业机器人仿真工具，为用户提供直观的编程方式。RoboDK 支持多种应用，如取放、喷涂和机器人加工等，软件内的优化工具可自动转化计算机辅助加工（CAM）程序，生成机器人程序。

RoboDK 的机器人模型库包括三百多款来自三十多个品牌的工业机器人，为机器人的离线或在线编程提供接口。离线编程通过每个品牌的“后置处理器”完成，而在线编程则需要通过一个连接机器人硬件与机器人仿真器的驱动器实现。在线编程可实现分步骤运行机器人程序、读取机器人位置或发送移动机器人指令。RoboDK 的独特之处在于，可以通过 Python 与 RoboDK 的应用程序接口（RoboDK API）给任何机器人编程，而且 Python 提供强大的函数工具库。

10.2　基于 RoboDK API 的机器人仿真编程

RoboDK API（应用程序接口）是 RoboDK 通过编程语言公开的一组示例和命令。RoboDK API 允许使用一种受支持的编程语言（例如 C#、Python 或 C ++）对任何机器人进行编程。与供应商特定的机器人编程相比，使用 RoboDK API，可以使用独特/通用的编程语言（如 Python）对任何机器人进行编程和仿真。

RoboDK API 可用于以下任务。

（1）自动化模拟：创建宏以自动化 RoboDK 模拟器内的特定任务，如移动对象、参考系或机器人等。

（2）离线编程：使用通用编程语言对机器人进行离线编程。当使用 RoboDK API 时，RoboDK 将为特定的机器人控制器生成特定的程序。机器人程序是根据为特定机器人选择的后处理器生成的。

（3）在线编程：可以移动机器人并从 RoboDK API 中检索其当前位置。RoboDK 将使用机器人驱动程序来驱动机器人。

RoboDK API 分为以下两个模块。

（1）RoboLink 模块：该模块是 RoboDK 和 Python 之间的链接。RoboDK 项目树中的任何项目都可以检索。项目由对象 Item 表示。一个项目可以是机器人、参考系、工具、对象或其他特定项目。

（2）RoboDK 模块：该模块包括 Mat 类，用于表示 3D 转换。

10.3　Robolink 模块使用示例

使用 Robolink 模块移动机器人的代码示例如下：

```
from robolink import *     # import the robolink library (bridge with RoboDK)
RDK = Robolink ()      # establish a link with the simulator
robot = RDK.Item ('ABB IRB120')      # retrieve the robot by name
robot.setJoints ( [0, 0, 0, 0, 0, 0] )      # set all robot axes to zero
target = RDK.Item ('Target')      # retrieve the Target item
robot.MoveJ (target)      # move the robot to the target
# calculate a new approach position 100 mm along the Z axis of the tool with respect to the target
from robodk import *     # import the robodk library (robotics toolbox)
approach = target.Pose () *transl (0, 0, -100)
```

```
robot.MoveL (approach)     # linear move to the approach position
```

10. 4 RoboDK 模块使用示例

使用 RoboDK 模块移动机器人的代码示例如下：

```
from robolink import *     # import the robolink library (bridge with RoboDK)
from robodk import *     # import the robodk library (robotics toolbox)
RDK = Robolink ()     # establish a link with the simulator
robot = RDK.Item ('KUKA KR210')     # retrieve the robot by name
robot.setJoints ( [0, 90, -90, 0, 0, 0] )     # set the robot to the home position
target = robot.Pose ( )     # retrieve the current target as a pose (position of the active tool with respect to the active reference frame)
xyzabc = Pose_ 2_ KUKA (target)     # Convert the 4x4 pose matrix to XYZABC position and orientation angles (mm and deg)
x, y, z, a, b, c = xyzabc     # Calculate a new pose based on the previous pose
xyzabc2 = [x, y, z+50, a, b, c+45]
target2 = KUKA_ 2_ Pose (xyzabc2)     # Convert the XYZABC array to a pose (4×4 matrix)
robot.MoveJ (target2)     # Make a linear move to the calculated position
```

10. 5 RoboDK 应用示例

10. 5. 1 机器人的连接

本示例说明如何使用机器人驱动程序连接到 RoboDK 工作站中可用的所有机器人，如何将机器人移动到 RoboDK 中设置的位置，以及如何利用 RoboDK 与多个机器人同时通信。具体代码示例如下：

```
from robolink import *     # API to communicate with RoboDK for simulation and offline/online programming
from robodk import *     # Robotics toolbox for industrial robots
# Start RoboDK API
RDK = Robolink ()
```

```
    # gather all robots as item objects
    robots = RDK.ItemList (ITEM_ TYPE_ ROBOT, False)
    # loop through all the robots and connect to the robot
    errors = ''
    count = 0
    for robot in robots:
        count = count + 1
        # force disconnect from all robots by simulating a double click
        #if count == 0:
        #robot.Disconnect ()
        #robot.Disconnect ()
        #pause (1)
    # Important, each robot needs a new API connection to allow moving
them separately in different threads (if required)
    rdk = Robolink ()
    robot.link = rdk
    # Force simulation mode in case we are already connected to the robot.
    # Then, gather the joint position of the robots.
    # This will gather the position of the simulated robot instead of the
real robot.
        rdk.setRunMode (RUNMODE_ SIMULATE)
        jnts = robot.Joints ()
    # connect to the robot:
    # rdk.setRunMode (RUNMODE_ RUN_ ROBOT) # not needed because connect
will automatically do it
    # state = robot.ConnectSafe ()
        state = robot.Connect ()
        print (state)
    # Check the connection status and message
        state, msg = robot.ConnectedState ()
        print (state)
        print (msg)
    if state ! = ROBOTCOM_ READY:
        errors = errors + 'Problems connecting: ' + robot.Name () + ': ' +
msg + '\ \n'
    else:
    # move to the joint position in the simulator:
```

```
        robot.MoveJ (jnts, False)
    # Display connection errors, if any
    if len (errors) > 0:
        print (errors)
    raise Exception (errors)
    else:
        quit (0)
```

10.5.2 监视关节

本示例说明如何将机器人的模拟位置保存到文本或 CSV 文件中。具体代码示例如下：

```
# This macro will save a time stamp and robot joints each 50 ms
from robolink import *      # API to communicate with RoboDK for simu-
lation and offline/online programming
from robodk import *      # Robotics toolbox for industrial robots
RDK = Robolink ()
robot = RDK.Item ('', ITEM_ TYPE_ ROBOT)
if not robot.Valid ():
    raise Exception (" Robot is not available" )
file_ path = RDK.getParam ('PATH_ OPENSTATION') + '/joints.txt'
fid = open (file_ path,'w')
tic ()
while True:
    time = toc ()
    print ('Current time (s):' + str (time) )
    joints = str (robot.Joints () .tolist () )
    fid.write (str (time) + ', ' + joints [1: -1] + ' \ \n')
    pause (0.05)
fid.close ()
```

10.5.3 监视 UR 机械手

本示例说明如何监视连接到 PC 的 Universal Robot（UR）。除其他事项外，机器人的位置、速度和加速度都可以以 125 Hz 的频率进行监控。具体代码示例如下：

```
from robolink import *      # API to communicate with RoboDK for simu-
lation and offline/online programming
from robodk import *      # Robotics toolbox for industrial robots
import threading
import socket
```

```
import struct
import os
import time
# Refresh the screen every time the robot position changes
TOLERANCE_ JOINTS_ REFRESH    = 0.1
RETRIEVE_ JOINTS_ ONCE =False  # If True, the current robot position
will be retrieved once only
# Create targets given a tolerance in degrees
CREATE_ TARGETS =True
TOLERANCE_ JOINTS_ NEWTARGET = 10# in degrees
REFRESH_ RATE = 0.1
# Make current robot joints accessible in case we run it on a
separate thread
global ROBOT_ JOINTS
# Procedure to check if robot joint positions are different according
to a certain tolerance
def Robot_ Joints_ Check (jA, jB, tolerance_ deg=1):
if jA is None:
return True
for i in range (6):
if abs (jA [i] -jB [i] ) > tolerance_ deg * pi/180:
return True
return False
###############################################################################
# Byte shifts to point to the right byte data inside a packet
UR_ GET_ TIME = 1
UR_ GET_ JOINT_ POSITIONS = 252
UR_ GET_ JOINT_ SPEEDS = 300
UR_ GET_ JOINT_ CURRENTS = 348
UR_ GET_ TCP_ FORCES = 540
# Get packet size according to the byte array
def packet_ size (buf):
if len (buf) < 4:
return 0
return struct.unpack_ from ("! i", buf, 0) [0]
# Check if a packet is complete
def packet_ check (buf):
```

```
        msg_ sz = packet_ size (buf)
    if len (buf) < msg_ sz:
            print (" Incorrect packet size% i vs % i" % (msg_ sz, len
(buf) ) )
    return False
    return True
    # Get specific information from a packet
    def packet_ value (buf, offset, nval=6):
    if len (buf) < offset+nval:
          print ( " Not available offset (maybe older Polyscope
version?):% i - % i" % (len (buf), offset) )
    return None
        format = '!'
    for i in range (nval):
        format+='d'
    return list (struct.unpack _ from (format, buf, offset) )        #
return list (struct.unpack_ from ("! dddddd", buf, offset) )
    # Action to take when a new packet arrives
    def on_ packet (packet):
    global ROBOT_ JOINTS
    # Retrieve desired information from a packet
        rob_ joints_ RAD = packet_ value (packet, UR_ GET_ JOINT_ POSI-
TIONS)
        ROBOT_ JOINTS = [ji * 180.0 /pifor ji in rob_ joints_ RAD]
    #ROBOT_ SPEED = packet_ value (packet, UR_ GET_ JOINT_ SPEEDS)
    #ROBOT_ CURRENT = packet_ value (packet, UR_ GET_ JOINT_ CURRENTS)
    #print (ROBOT_ JOINTS)
    # Monitor thread to retrieve information from the robot
    def UR_ Monitor ():
    while True:
        rt_ socket = socket.create_ connection ( (ROBOT_ IP, ROBOT_
PORT) )
        buf = b''
        packet_ count = 0
        packet_ time_ last = time.time ()
    while True:
        more = rt_ socket.recv (4096)
```

```
    if more:
        buf = buf + more
    if packet_ check (buf):
        packet_ len = packet_ size (buf)
        packet, buf = buf [: packet_ len], buf [packet_ len:]
        on_ packet (packet)
        packet_ count += 1
    if packet_ count % 125 == 0:
        t_ now = time.time ()
        print (" Monitoring at% .1f packets per second" % (packet_
count/(t_ now-packet_ time_ last) ) )
        packet_ count = 0
        packet_ time_ last = t_ now
        rt_ socket.close ()
    ##################################################################
    # Enter RoboDK IP and Port
    ROBOT_ IP =None #'192.168.2.31'
    ROBOT_ PORT = 30003
    # Start RoboDK API
    RDK = Robolink ()
    # Retrieve a robot
    robot = RDK.ItemUserPick ('Select a UR robot to retrieve current po-
sition', ITEM_ TYPE_ ROBOT)
    if not robot.Valid ():
        quit ()
    # Retrieve Robot's IP:
    if ROBOT_ IP is None:
        ip, port, path, ftpuser, ftppass = robot.ConnectionParams ()
        ROBOT_ IP = ip
    ROBOT_ JOINTS =None
    last_ joints_ target =None
    last_ joints_ refresh =None
    # Start the Robot Monitor thread
    #q = queue.Queue ()
    t = threading.Thread (target=UR_ Monitor)
    t.daemon =True
    t.start ()
```

```
    #UR_ Monitor ()
    # Start the main loop to refresh RoboDK and create targets/
programs automatically
    target_ count = 0
    while True:
    # Wait for a valid robot joints reading
    if ROBOT_ JOINTS is None:
    continue
    # Set the robot to that position
    if Robot_ Joints_ Check (last_ joints_ refresh, ROBOT_ JOINTS, TOL-
ERANCE_ JOINTS_ REFRESH):
        last_ joints_ refresh = ROBOT_ JOINTS
        robot.setJoints (ROBOT_ JOINTS)
    # Stop here if we need only the current position
    if RETRIEVE_ JOINTS_ ONCE:
        quit (0)
    # Check if the robot has moved enough to create a new target
    if CREATE_ TARGETS and Robot_ Joints_ Check (last_ joints_ target,
ROBOT_ JOINTS, TOLERANCE_ JOINTS_ NEWTARGET):
        last_ joints_ target = ROBOT_ JOINTS
        target_ count = target_ count + 1
        newtarget = RDK.AddTarget ('T% i' % target_ count, 0, robot)
    # Take a short break
        pause (REFRESH_ RATE)
```

第 11 章

基于传感信息的工业机器人应用

任务协作化应用强调从基于几何信息到基于传感的开发和从动作级到任务级的开发。工业机器人的示教编程和离线编程都是基于几何信息的示教应用；在工业机器人操作基础上提供的集成开发环境，代表了基于传感信息的任务级应用开发方式。任务协作化应用具有调整能力，事先不需要进行离线编程和示教，机器人末端的行为是实时动态规划并被执行的，是属于任务级开发应用，即不事先编写机器人具体从 A 到 B 的运动指令集合，只需要告诉机器人完成什么任务，执行时机器人根据实际情况动态规划路径，自动生成可执行运动指令，并根据环境变化实时调整。

COBOTSYS 是集合机器人视觉、智能力控、抓取规划与机器人学习等技术为一体的智能工业机器人操作系统，秉承着人人都能使用工业机器人的理念，结合大量的项目实践，与工程经验、工艺知识深度融合，提供了一系列面向场景的任务模板。所有的模板均是可视化向导式操作，极大地简化了机器人应用的集成与部署难度。对于开发人员而言，COBOTSYS 就是一个开发平台，是一个 SDK，允许用户自行编码来开发机器人应用。其拥有清晰的软件架构、良好的代码设计、丰富的开发文档，可以快速开发特定场景的机器人 App；对于应用工程师而言，COBOTSYS 拥有友好的界面、简单的操作、丰富的功能，可以快速生成常见任务的解决方案，无须编程，其功能、开发环境，以及物理场景与数字场景同步如图 11.1、图 11.2、图 11.3 所示。

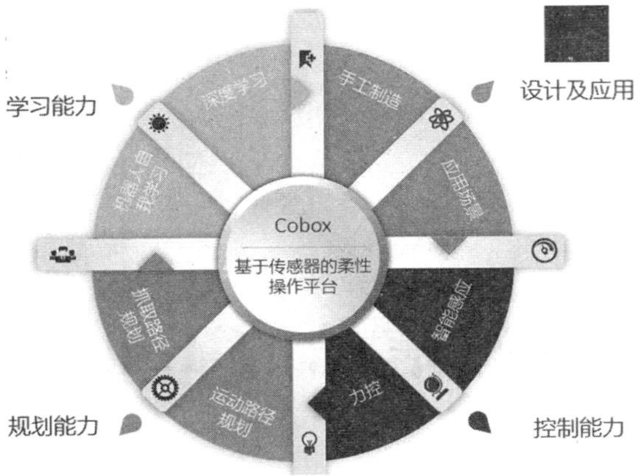

图 11.1　COBOTSYS 功能

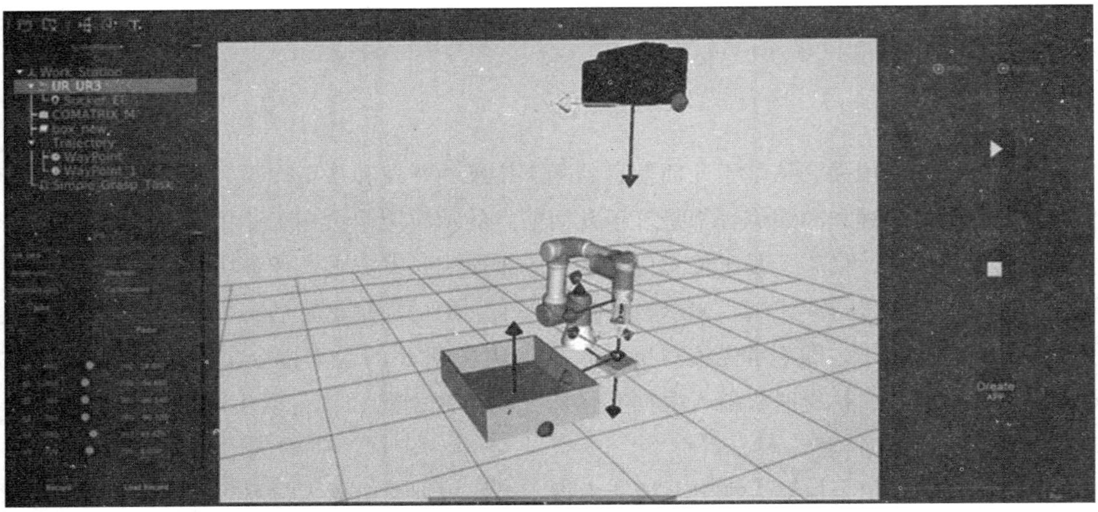

图 11.2　开发环境

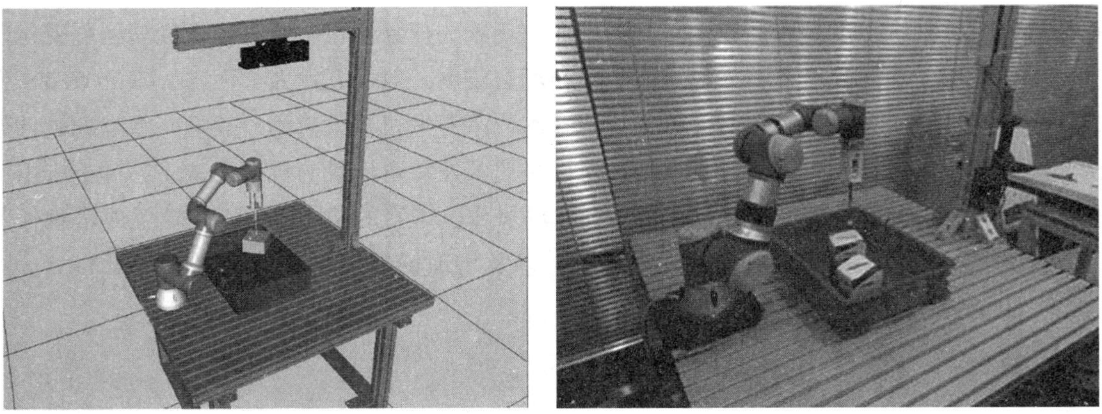

图 11.3　物理场景与数字场景同步

11.1　COBOTSYS 简介

从技术角度看，COBOTSYS 是基于传感信息的工业机器人的应用，涉及了多个学科领域；从应用角度看，其面临更加复杂的工程问题。这些对机器人的开发和应用都提出了更高的要求，应对挑战需要从全局去考虑，要从更底层去考虑，还要从机器人的操作系统层面去考虑。所以，工业机器人的开发工作环境要具有开放性、易用性和通用性，可以提供一套完整的解决方案。一方面，COBOTSYS 在建立机器人底层控制系统的基础上，建立开发者生态，为开发者提供开放的开发环境和相应的 SDK；另一方面，COBOTSYS 建立设备接口、算法仓库和人机界面，为工程师提供机器人的人性化操作界面和相应功能，如数字孪生、无序抓取、力控打磨等。所以，COBOTSYS 就是一套智能工业机器人操作系统解决方案，其采用了模块化设计，具体分为功能模块、工作流程模块和系统模块。

11.1.1　COBOTSYS 模块

1. COBOTSYS 功能模块

COBOTSYS 功能模块的组成部分，如图 11.4 所示。具体分为以下几种。

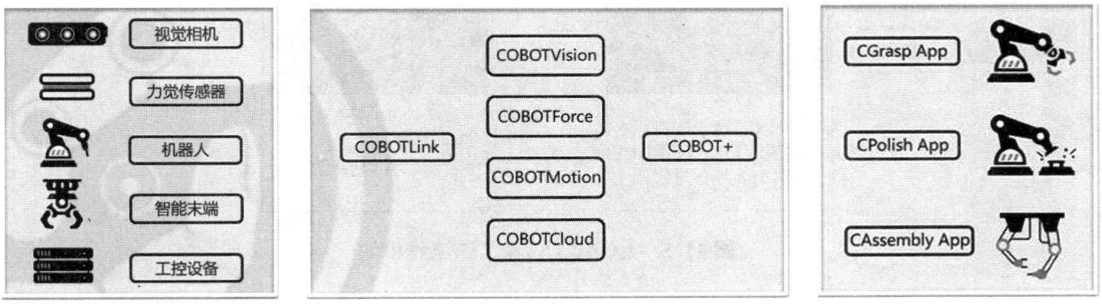

图 11.4　COBOTSYS 功能模块

（1）COBOTLink 的优点如下：

①提供可靠、易用的硬件驱动，包括机器人的连接与控制、摄像机的连接与控制、力传感器的连接；

②支持众多品牌的机器人，如 UR 机器人、ABB 机器人、工业机器人和 6 轴力控传感器等。

（2）COBOTMotion 的优点如下：

①高效的自动避障路径规划算法；

②路径优化，确保轨迹较短、光顺（满足 G1 及以上连续性）；

③轨迹规划，在机器人各关节速度与加速度限制下，时间最优。

（3）COBOTVision 的优点如下：

①高鲁棒性的盒装物体定位；

②基于深度学习的 2D 物体分类；

③基于模型的 3D 自由形状刚体定位；

④可采用视觉标定算法。

COBOTSYS 实现了算法的工程化，将工程经验与算法完美融合，形成了一系列可调整的经验参数，算法参数可以通过 GUI 实现动态可视化调整。

2. COBOTSYS 工作流程模块

COBOTSYS 工作流程模块的组成部分，如图 11.5 所示。

COBOTSYS 是基于传感的机器人应用，是不需要离线编程和示教的，机器人末端行为是实时动态规划并被执行的。其工作流程如下。

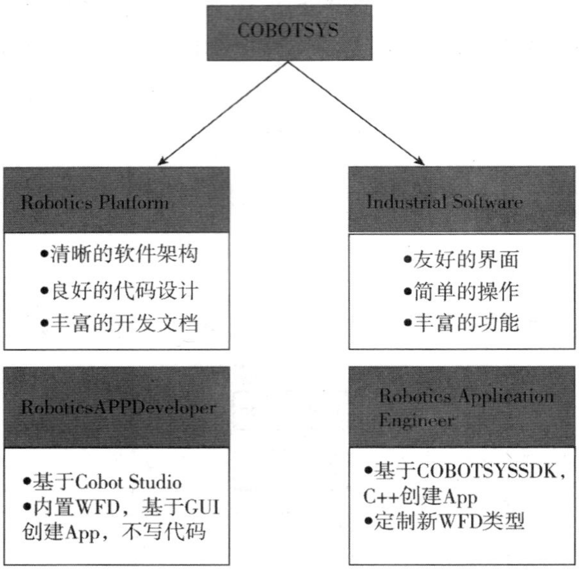

图 11.5　COBOTSYS 工作流程模块

（1）建立场景：物流、分拣。

（2）定义任务：无序抓取、力控打磨，具体包括以下四种定义。

①目标定义：盒子 CAD、3D 摄像机采集、拖动示教。

②机器人定义：UR 机器人、ABB 机器人。

③传感器定义：3D 摄像机、6 轴力控传感器。

④程序定义：通过内置算法，根据目标位置和障碍物位置，实时抓取路径动态规划，形成机器人末端行为的指令和相关参数；根据目标物体外形，通过 6 轴力控传感器的实时数据反馈，实时打磨路径动态规划。

（3）任务执行：实时执行动态规划路径。COBOTSYS 的工作流程模块，主要针对开发者和工程师两类用户。

3. COBOTSYS 系统模块

COBOTSYS 系统模块的组成部分，如图 11.6 所示。具体分为以下几种。

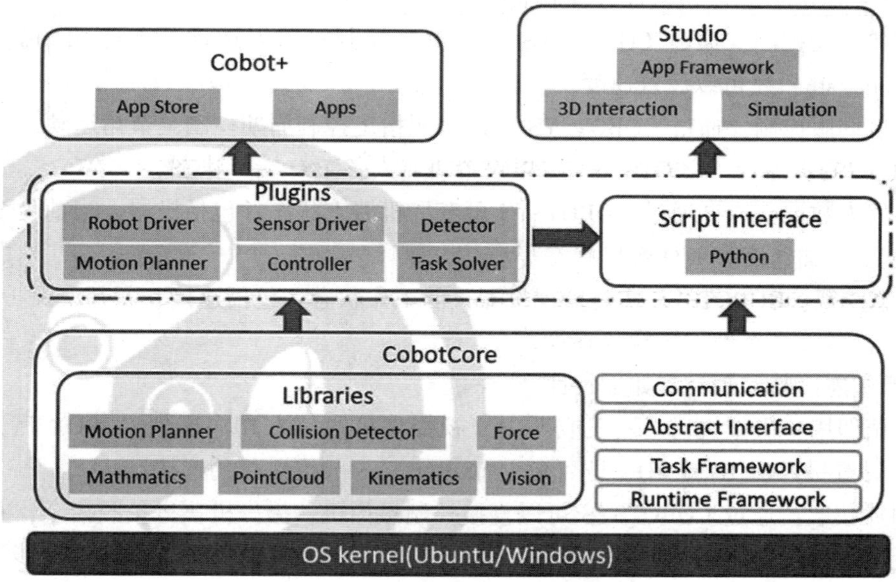

图 11.6 COBOTSYS 系统模块

（1）CobotCore（提供的基础算法）：运动规划、碰撞检测、力控相关算法、数学库、点云相关算法、机器人运动学、视觉相关算法。

（2）Plugins（插件服务模块）：机器人驱动、传感器驱动、视觉检测、运动规划、抓取控制、Task Solver。

（3）Script Interface（脚本接口）：Python。

（4）Studio（机器人仿真平台）：可进行机器人工作站环境搭建，创建工作任务，进行模拟仿真运行、联机运行，以及图形化编程。

（5）Cobot+：Apps 是 COBOTSYS 具体应用，例如简单的盒子抓取；App Store 是第三方应用。

11.1.2 COBOTSYS 特性

COBOTSYS 具有如下特性：

（1）统一的可视化编程环境；

（2）统一的多任务表达框架；

（3）即插即用的机器人和传感器；

（4）自主运动规划；

（5）内置常见场景的解决方案。

以下按模块来介绍 COBOTSYS 的具体特性。

（1）COBOTLink：COBOT 连接模块，具有即插即用、动态管理、扩展性强的特点，支持机器人、摄像机、力传感器等的连接与控制。

①机器人连接与控制具有如下特性。

a）即插即用：机器人通过网线连到 COBOX 后，在 COBOTSYS 中设置机器人控制器

IP，即可建立 COBOTSYS 与机器人控制器的连接。

b）简单运动控制：通过 COBOTSYS 可以直接控制机器人运动，支持 MoveJ、MoveL、MoveContinousPath，还可以设置速度。

c）关节伺服控制：通过 COBOTSYS 可以按照指定控制周期控制关节角运动。

d）I/O 控制：通过 COBOTSYS，可以设置机器人各 I/O 端口状态。

e）机器人数据获取：通过 COBOTSYS 可获取机器人状态，包括机器人当前位姿、关节角、关节速度、加速度和 I/O 端口状态等。

f）状态监视：COBOTSYS 实时监视机器人的工作状态，包括连接、断开、保护性停止、紧急停止，机器人是否处于运动状态等。

②摄像机连接与控制具有如下特性。

a）即插即用：摄像机通过网线或 USB（视摄像机通信方式）连到 COBOX 后，在 COBOTSYS 中设置摄像机 IP 或 ID，即可建立 COBOTSYS 与摄像机的连接。

b）图片获取：通过 COBOTSYS 可以直接控制摄像机；摄像机执行拍照指令，并返回图像数据，包括彩色图、点云图、深度图；获取图像数据的方式有两种（同步和异步）。

c）摄像机状态：通过 COBOTSYS 可以获取摄像机当前状态（打开/关闭）。

d）组合摄像机及自配准：通过 COBOTSYS 可以同时使用一款 3D/2D 摄像机，以便同时获取高质量的点云数据与纹理数据，驱动输出的数据已完成配准。

③力传感器具有如下特性。

a）即插即用：力传感器通过网线连接到 COBOX 后，在 COBOTSYS 中设置力传感器 IP，即可建立 COBOTSYS 与力传感器的连接。

b）信号采集：通过 COBOTSYS，可以控制力传感器以指定频率，来采集 6D 力信号。

c）状态监视：实时监视力传感器的工作状态，包括连接和断开。

（2）COBOTMotion：COBOT 运动模块，具有自动生成轨迹、高速稳定、实时轨迹调整的特点，支持运动规划等功能。

运动规划具有如下特性。

①自动避障路径规划：自动避开障碍物、多种碰撞检测策略，安全、可靠的规划算法。

②路径优化：多种路径优化策略，包括样条光顺、优化轨迹点、减小路径长度、避免不必要的绕弯。

③轨迹规划：采用运动学约束来获取最短运动时间；运动学约束包括速度和加速度约束。

④并行规划：提高了运动规划算法的效率，优化了规划算法的执行流程。

（3）COBOTVision：COBOT 视觉模块，具有自动化标定、高适用性、高鲁棒性、快速适配的特点，支持视觉使用、工件定位、料框定位、对象分类、手眼标定等功能。COBOTSYS 提供了丰富的视觉功能，涵盖了定位、分类、标定、深度学习训练可视化、点云模板制作等。

①工件定位具有如下特性。

a）高可靠性：支持常见盒装物体定位，包括基于深度学习的盒状、面膜、瓶装、胶管定位。

b）高扩展性：支持新品快速导入自由形状刚体定位。

c）高适应性：适应任意形状刚体的特征匹配。

d）高易用性：提高可视化点云模板制作工具料框定位。

e）辅助过滤摄像机图像数据（含点云），提高视觉算法运行效率。

f）有助于提高运动规划算法中碰撞检测的精度，提高安全性。COBOTSYS 提供可靠的料框定位算法，算法鲁棒性高，且对环境光不敏感。对象分类通过基于机器学习 SVM+Hog 特征分类算法和深度学习算法，实现对象的分类，可应用于图书分类、香菇分拣、奇趣蛋分拣等场景中。

②手眼标定：在机器人视觉应用中，手眼标定是一个非常基础且关键的问题。简单来说，手眼标定的目的就是获取机器人基座坐标系和摄像机坐标系的关系，最后将视觉识别的结果转移到机器人基座坐标系下。

（4）场景设计：高性能 3D 渲染与可视化使得操作更加具有人性化，根据导航树的集中化操作可以快速导入新类型的设备。

3D 渲染与交互具有如下特性。

a）3D 几何对象的渲染：支持 facet model、point cloud 类型的几何对象渲染。

b）3D 视图操作：支持旋转、平移、缩放等操作。

c）三维球：在 3D 视图中，通过鼠标右击可使用三维球功能。

导航树如图 11.7 所示。

图 11.7　导航树

（5）机器人系统仿真。在机器人系统仿真的工作流中，可以实现可达性的检测、多解选择和机器人 Congfig。仿真系统中具有运动仿真的功能，不仅支持对 MoveL、MoveJ 运动的仿真，还支持对 Trajectory 节点下所有的 WayPoint 的连续运动仿真。其具有如下特性。

①可达性的检测：在导航树的 Trajectory 节点，选择“Add WayPoint”功能，在添加/更新 WayPoint 时自动完成。对于一个 WayPoint，若所关联的机器人反解出关节角，则可达；若反解失败，则不可达。

②多解选择：在导航树的 WayPoint 节点，添加“EditWayPoint”界面。对于一个 WayPoint，当所关联的机器人满足 Pieper 准则，可以提供多解选择；若不满足 Pieper 准则，则不提供多解选择。

③机器人 Config：对普通 6 轴机器人针对不同方向可以实现前后、上下、俯仰方向的动作；对于 UR 来说，可以实现前后和上下方向的动作。

（6）Work FlowDefinition。CobotStudio 作为 COBOTSYS 的图形界面，将 COBOTSYS 内部封装的机器人驱动、机器人运动规划算法、摄像机标定及手眼标定、视觉识别算法等功能以不同形式展示在界面上，供用户来选择与操作，以实现用户通过软件对机器人工作站的控制。

抓取任务具有以下特性：

①Target 设置：包含料框定义、Target 定义，用户可导入一个或多个模板，模板信息显示在列表视图中；

②Robot 设置：包含机器人定义；

③Camera 设置：包含摄像机定义、手眼标定和摄像机工作参数设置；

④Program 设置：包含码放方式定义、料框定位、detector、配置和程序预执行；

⑤Execution 设置：包含联机运行（可以暂停、停止、继续运行）、创建独立的 App。

11.2 COBOTSYS 典型应用案例

基于 COBOTSYS 的机器人有着广泛的应用，不同于工业机器人传统的应用方式，它们的共同特点是协作化应用，具体如图 11.8 所示。

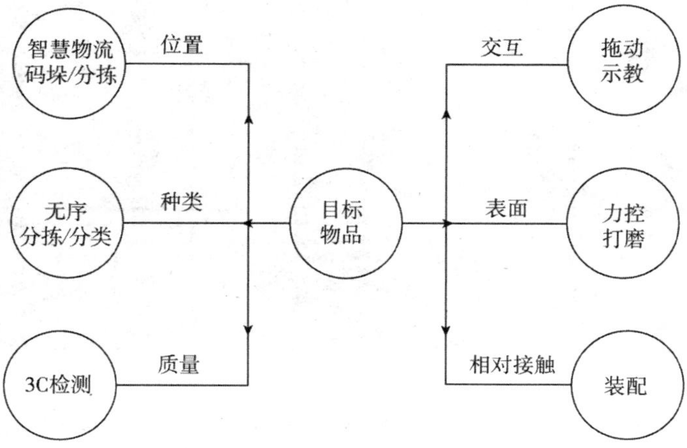

图 11.8 COBOTSYS 的典型应用案例

11.2.1　力控打磨系统

因工业机器人准确、可靠、灵活等优势，越来越多的制造企业正在尝试使用工业机器人进行工件打磨、抛光、去毛刺等工作。然而给工业机器人编写精确复杂的打磨轨迹是一大难点。传统的离线编程解决方案能够解决轨迹编程复杂的问题，但是它要求工件一致性好，工作站标定精确，这使得工业机器人在打磨过程中安装、调试和使用难度依然很大。而力控打磨系统通过快速轨迹生成技术、力位混合控制技术极大地简化了复杂轨迹编程问题和机器人标定问题，可在 4 小时内对绝大部分复杂工件完成机器人打磨工艺调试，如螺旋桨、风力发电机叶片等物品。在打磨过程中引入力控打磨系统，将提高工件的打磨质量、加工效率，以及设备安全性。快速轨迹生成功能体现在工艺设计过程中，这包括基于 CAD 模型的快速轨迹生成技术和拖动示教的快速轨迹生成技术。此外，还可以通过 3D 视觉系统动态识别被打磨工件的 3D 形貌后自动生成轨迹，快速轨迹生成功能是简单且友好的复杂运动轨迹编程手段。执行力位混合控制体现在打磨工艺过程中，柔性调整机器人打磨轨迹，并实时监测打磨过程，如图 11.9 所示。

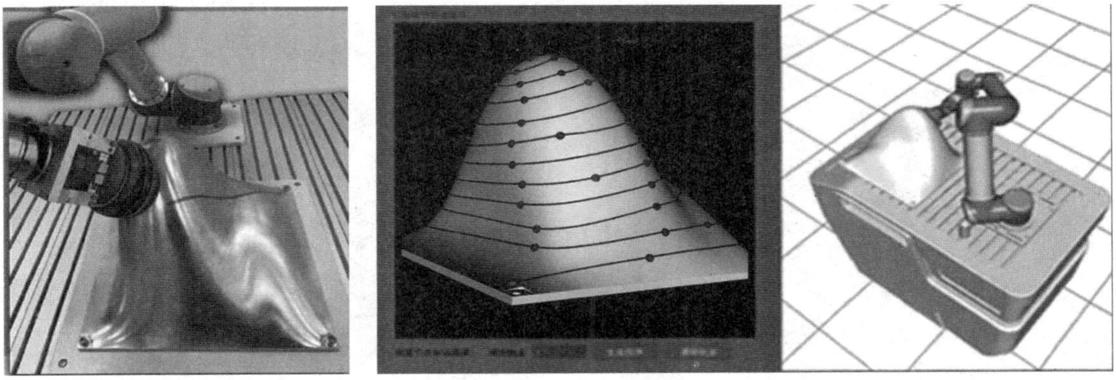

图 11.9　利用 3D 视觉系统产生工件的 3D 形貌，并自动生成轨迹

11.2.2　无序抓取系统

无序抓取系统通过高速、精准的 3D 结构光成像系统，对物体表面轮廓进行扫描，形成点云数据；并对点云数据进行智能分析处理，加以 AI 算法、机器人路径自动规划、自动防碰撞等智能化技术，计算出当前工件的实时空间坐标，并引导机器人完成自动抓取任务(整个过程无须示教)，如图 11.10、图 11.11 所示。

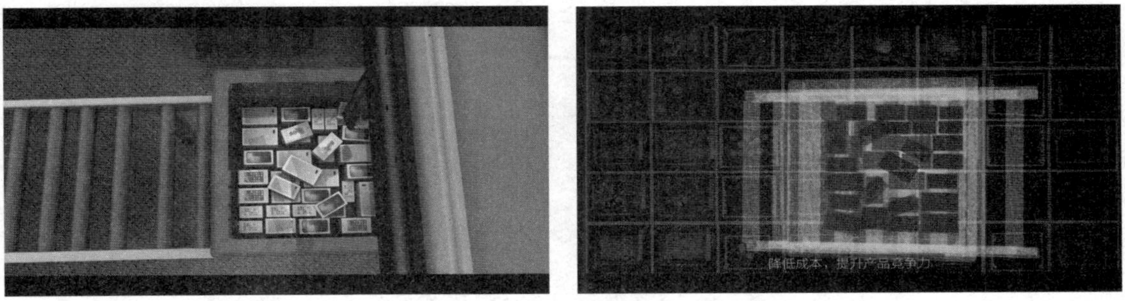

图 11.10　3D 结构光成像系统形成点云数据

图 11.11　利用智能化技术完成自动抓取任务

第 12 章

基于机器学习的工业机器人应用

针对无序抓取问题，本章选用亚马逊抓取挑战赛进行项目分析，其中涉及深度学习框架的内容。基于学习的工业机器人应用中提及的“学习”，指的是机器人具有学习能力。

12.1 亚马逊抓取挑战赛（Amazon Picking Challenge）项目简介

人工分拣目前已成为仓储自动化的瓶颈，如何实现机器人替代人工进行自动分拣，已然成为一个亟待解决的问题。为此电商巨头亚马逊公司从 2015 年开始，已连续举办多届抓取挑战赛以期找到较好的方法解决该问题。亚马逊抓取挑战赛旨在用机器人来代替分拣工作人员完成分拣任务，实现自动化仓储的完全无人化、自动化。

12.1.1 比赛规则

亚马逊抓取挑战赛（APC）的比赛场景是图 12.1 所示的仓储环境中的一个货柜和待抓取的物品，每个参赛队伍在货架前分配 2 m^2 的操作空间。参赛队伍可自主设计机器人系统，设计的机器人系统需要能够放置在货柜前，通过读取比赛定义的 JSON 文件，可获取货框中每个格子中放置的物品的名字，以及需要抓取的物品的名字（整个过程物品名字已知）。然后，参赛机器人需要识别出货柜中每个格子中的物品，并估计出待抓取物品的位姿，最终利用机械臂将待抓取物体从货框中分拣出来。整个比赛时长 20 min，时间结束后，抓取正确的物品，根据物品种类的不同获取一定的分数，抓取错误的物品则相应扣分。最终根据每个队伍的比赛总分进行排名，分数相同的队伍，按照获取分数的用时进行排序。

图 12.1　APC 比赛场景

APC 的货架尺寸如图 12.2 所示，货架上小空间的开口处的大小不尽相同，高度的范围为 19 ~22 cm，宽度的范围为 25 ~30 cm。APC 的货架内部物品摆放如图 12.3 所示，内部隔板处会有小凸起（Divider tab）。

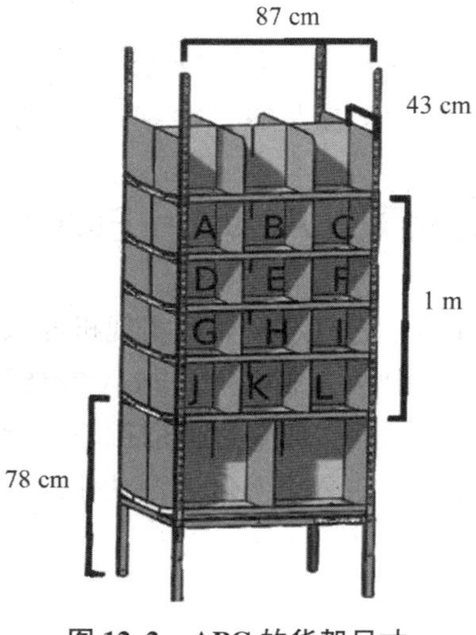

图 12.2　APC 的货架尺寸

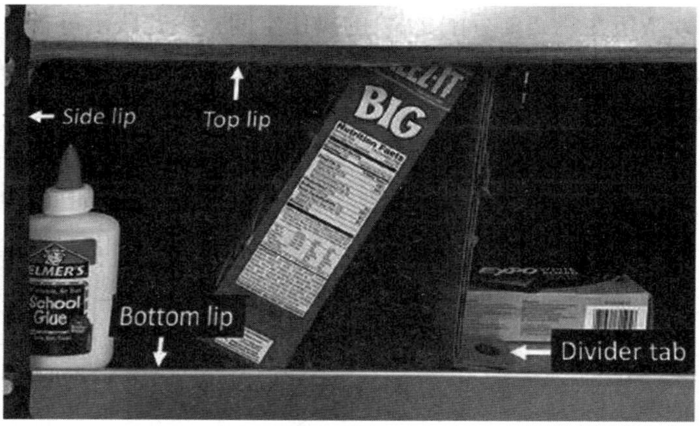

图 12.3　APC 的货架内部物品摆放

物品种类涵盖了亚马逊仓库每天分拣种类的大部分，有 25 个品种在比赛前给到每个队伍，还有 12 个品种在开赛前 2 min 给到，参赛队伍只能在比赛进行过程中动态识别，如图 12.4 所示。物品的选择有各种尺寸、形状、材料，这些物品会被放置在货架格子的前面，物品相互左右邻接放置，但不是上下或前后邻接放置，物品之间不会紧贴，并且在一个货架格子中，不会有同种物品出现。

图 12.4　物体品种

12.1.2　面临的挑战

面临的挑战包括以下几种：

(1) 物体质地不同，硬度不同，可能会产生变形，变形的物体会影响匹配，同样的物体可能大小不同也会影响匹配；

(2) 物体表面光反射不同，对摄像机可能会产生干扰，使每次获取的数据不同。民用的深度摄像机在一些极端条件下，如透明、网格表面等情况下会变得不稳定；

(3) 物体大小不一，形状也不相同，有些太大，以至于机械手张开到最大也不能抓取，有些又太小，以至于不好定位，尺寸小的物体采集到的像素较少；

(4) 由于眼在手上（Eye-In-Hand）式手眼系统自身硬件特点，存在摄像机视角自身遮挡问题；

(5) 处理速度要求 20 s 以内完成。

12.2　APC 系统解决方案

12.2.1　机器人本体

ABB-IRB-1600ID 工业机器人，是专用的弧焊机器人，它采用集成式配套设计，所有电缆和软管均内嵌于机器人上臂，是弧焊应用的理想选择。其线缆包供应弧焊所需的全部介质，包括电源、焊丝、保护气和压缩空气。

ABB-IRB-1600ID 工业机器人的规格型号如表 12.1 所示。

表 12.1　ABB-IRB-1600ID 工业机器人的规格型号

型号	工作范围（半径）/mm	有效荷重/kg	轴数
ABB-IRB-1600ID	1 500	4	6

ABB-IRB-1600ID 工业机器人融合了 IRC5 的大量顶尖技术，将大型设备的精度与运动控制引入更宽广的使用空间，其工作范围如图 12.5 所示。

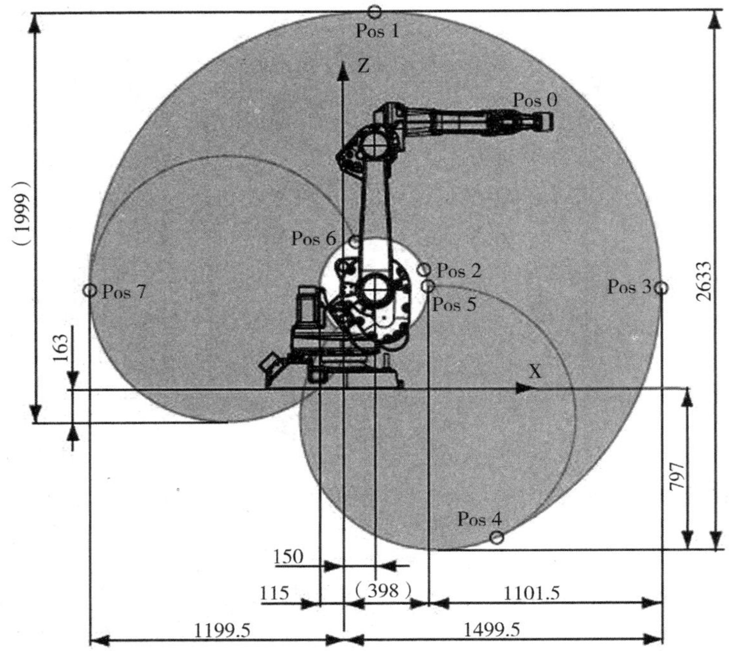

图 12.5　ABB-IRB-1600ID 工业机器人工作空间

12.2.2　机械手

选用的机械手外形如图 12.6 所示。

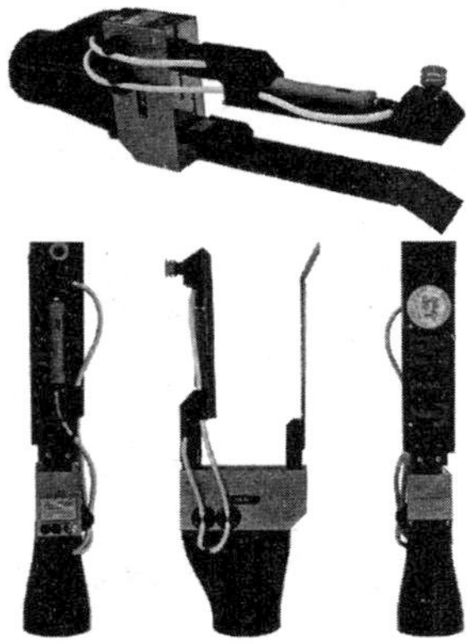

图 12.6　选用的机械手外形

如图 12.7 所示，机械手可以完成如下基本动作。

（1）抓取（Grasp）：基于物体的几何信息、机械手钳口的最大张开度、物体的形状和姿势，抓取垂直的、平行在两个扁平的手指之间的目标物品。

（2）吸取（Suction）：机械手吸盘与平面相接触，吸盘被抽真空实现吸取，这只针对具有水平或垂直表面的物体。

（3）铲取（Scoop）：将铲刀作为机械手的一个手指。利用铲取，可以把物品推到货架格子的后面，特别适合难以察觉或抓住的小的、变形的、扁平的物品。

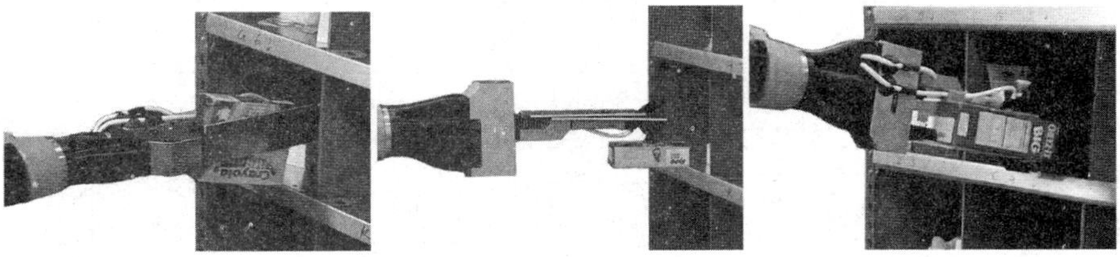

图 12.7　抓取、吸取和铲取

（4）推倒（Topple）：这是一个辅助动作，其目标不是操作物品，而是改变物品的摆放状态。特别是当一个物品的外表面很高或很宽时，因为钳子会与箱子顶部相撞，也可能因为夹钳的张度不够等原因，需要该辅助动作改变物品的摆放状态，以利于抓取。

（5）推转（push-Rotate）：推转是另一个辅助动作，使一个物体处于可被实施基本操作的状态。物体也只有在合适的姿势才能被抓起，推转能使我们处理大多数在角落的物品。

12.2.3　摄像机

采用两台 Kinect V2 摄像机，摄像机采用 ToF 方式采集深度数据，范围为 0.8～4 m，像素为 512×424，架设在机器人基座上，距离地面 1.7 m 左右，主要用来采集货架数据。

如图 12.8 所示，一台 Real Sense 摄像机固定在机器人末端，近距离采集货架格子中物品的多角度深度数据，范围为 0.2～1.2 m，像素为 640×480，架设在机器人基座上。

图 12.8　Real Sense 摄像机

12.2.4　机器人系统计算机

选用一台主计算机（如联想 ThinkStation，Intel Xeone3-1241 CPU，32 GB RAM，Nvidia Titan X GPU）。选用两台辅助小型计算机（如 Intel i7-4770r CPU，16 GB RAM）集成在机器人平台，用于捕获、预处理和过滤点云数据，减少主计算机的负载。

12.2.5 软件系统

整个软件系统划分为多个基本操作模块，统一通过 Heuristic 模块进行管理，根据目标物体、视觉系统的数据和机械手的传感器反馈等信息，决定各个模块的具体执行，其作用类似于人体的大脑。软件的架构是基于 ROS 操作系统，负责管理各个模块，软件系统框架如图 12.9 所示。

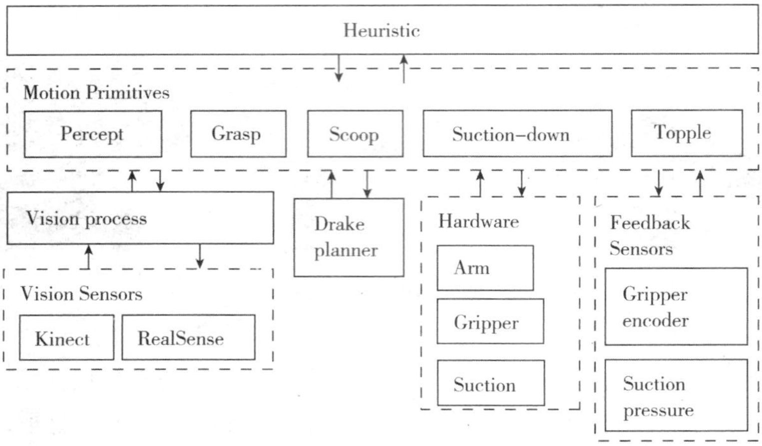

图 12.9 软件系统框架

12.3 视觉系统

12.3.1 视觉总体方案

视觉系统的作用是在货架格子里的所有物体中找到目标物体和它的相应位置，除此之外，还要处理物体有遮挡、视角狭窄和数据噪声的问题。此处选用基于多视角的物体 6D 姿态估计方法解决方案，内容涉及深度学习算法，主要用于训练和使用 FCN 深度学习网络模型，视觉总体方案如图 12.10 所示。

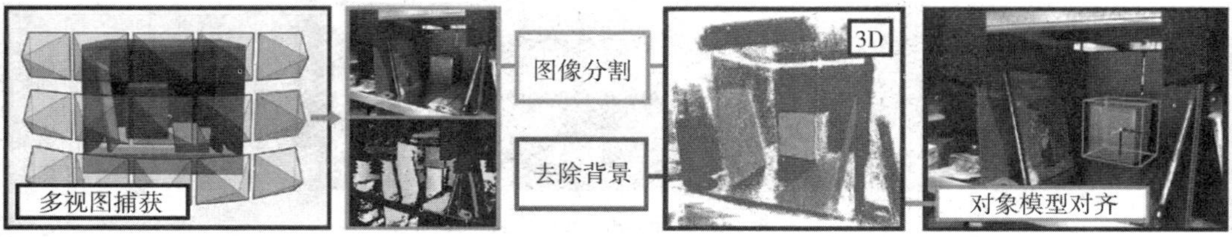

图 12.10 视觉总体方案

机器人控制摄像机从 15～18 个角度来采集 RGB-D 数据，每一次采集到的彩色图像被输入到已经训练过的 FCN 深度学习网络模型中进行物品 2D 图像分割，分割结果结合该图像的深度数据一起生成不含背景信息的 3D 点云，最后，通过对比生成的 3D 点云和该物品的标准 3D 点云（CAD），进行 6D 姿态识别，以便机器人完成对物品的抓取操作。

12. 3. 2　方案执行

首先，使用 FCN 深度学习网络模型，从多个角度（3×5 个网格）实时采集现场货架格子中物品的 RGB-D 帧信息和彩色图像，然后进行分割，如图 12. 11 所示。

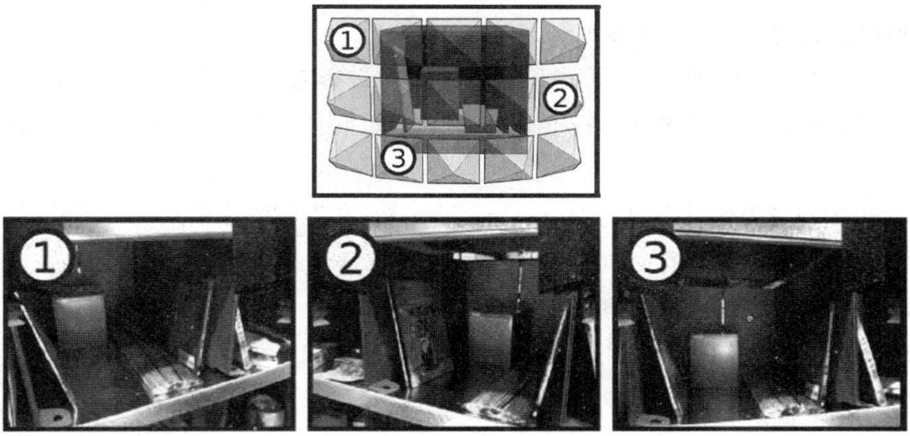

图 12. 11　采集数据并进行分割

其次，将采集到的彩色图像信息输入训练过的 FCN 深度学习网络模型，输出截取的（无背景的）2D 图像分割，通过该彩色图像所对应的深度信息生成该分割图像的 3D 点云数，然后和事先采集的该物品的标准 3D 模型点云数据进行匹配。

使用 ICP 算法对两组点云进行匹配，进行 6D 位姿估计，然后反馈给 Heuristic 模块，指令机器人动作，完成抓取操作。

12. 3. 3　深度学习模型

如图 12. 12 所示，FCN 深度学习网络模型采用自监督学习方法，具体有以下三点：第一，用单个物品场景训练模型，然后，实用中输入多物品场景，模型运行效果好；第二，采用 Eye-In-Hand 式手眼系统可以精确确定摄像机位置；第三，在单个物品场景中，在已知背景和摄像机运动的情况下，就可以自动地得到精确的前景剪影信息，并根据机器人末端的位置信息将其自动标注上物品类别信息（39 种物品）。最终，训练集有 136 575 张相片自动地被标注为 39 种物品。

图 12. 12　FCN 深度学习网络模型

12.3.4　训练模型标注过程

1. 获得剪影信息

获得剪影信息的方法有以下两种。

2D：将待比较图像（训练数据）和空货架之间进行对比，经过矫正、对准、RGB 转 HSV 处理，最后对比图像像素的 HSV 值和深度值，如果差距小则为背景，否则为前景即物品剪影。

3D：对事先扫描得到空货架的 3D 点云信息和待比较图像深度信息（训练数据）进行点对点比较，采用 ICP 算法进行对准两组信息，去除与背景距离相近的点，最后，将剩下的 3D 点云投影为 2D 信息即为物品剪影。

2. 半自动过程

货架格子中只放一个物品，多视角采集 RGB-D 图像和彩色图像信息，然后，手动改变物品姿态继续采集。

3. 自动过程

进行自动采集，按上述方法获得物品的剪影，分离训练数据图像的前景和背景信息，同时利用位置得到物品类别信息，用这两组信息完成自动标注过程。最后，得到训练过的 FCN 深度学习网络模型，即分类器。

12.3.5　使用分类器

视觉系统的所有组件都被模块化成可重复使用的 ROS 包，使用 CUDA GPU 加速。采用轻量级的深度学习框架进行训练和测试。训练模型需要 16 h。采用的电脑配置为 Intel E3-CPU 3.5 GHz 和 NVIDIA GTX 1080。平均姿态估计时间为 3 ~5 s。结合多视图机器人运动，本视觉系统每个货架需要 15 ~20 s 的操作时间。使用分类器得到的结果如图 12.13 所示。

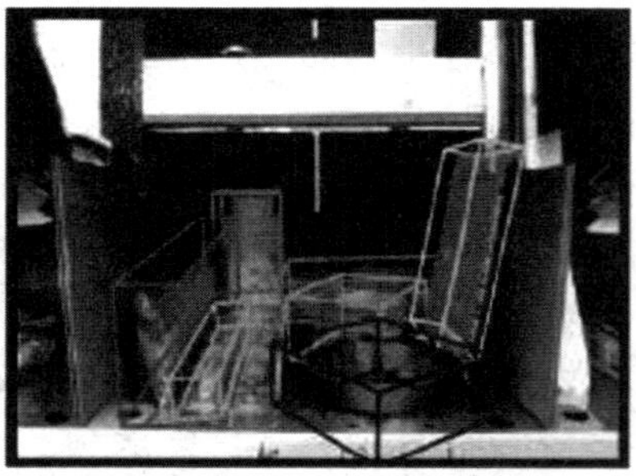

（a）　　　　　　　　　　　　（b）

图 12.13　使用分类器得到的结果

（a）物品 2D 分割结果；（b）物品 6D 姿态结果

亚马逊公司需要能以最快速度辨别并抓取货架上货物的机器人，最终，获胜队伍设计的机器人可以在 20 min 之内分拣、打包 10 件货物，这个速度对于仓库的工人来说难度并不高，但是在实际的仓库操作中抓取货架上杂乱无章的货物对于机器人来说仍然是一件极具挑战的事情。

第 13 章

任务协作化应用案例

随着社会的飞速发展，现代生产越来越强调小规模、定制化的生产组织方式，强调人在生产中角色的重新定义，即人在生产过程中要发挥出人所特有的优势，如涉及灵巧、分析和有判断的工作，使生产中各种要素之间更加优化地被配置，最为重要的是人作为生产的设计者、组织者和参与者，人的工作体验和劳动保护也是现代生产组织模式需要解决的问题。人机协作就是在上述背景下产生和发展起来的。而选择合适的人机协作应用场景至关重要，经过大量的走访和调研，本应用方案服务于中小企业，选择了北方某企业的小型工业交换机生产线作为研究对象，在原有的生产线中使用协作机器人，完成人机协作的升级改造，这对于推广和使用人机协作生产方式具有一定的借鉴意义。

13.1 装配现状

目前，在小型电子装配行业中，人工装配占据了很大的比例。装配工时和费用大约占总费用的 40% ~60% 。手工装配使用灵活方便，广泛应用于各道工序或各种场合，但速度慢、易出差错、效率低，不适应现代化生产的需要。尤其是对于设计稳定、产量大和装配工作量大而元器件又无须选择的产品，宜采用自动装配方式。

在上述背景下，协作机器人具有小型化、易操作和安全性的特点。采用新近的协作机器人配合工人手工操作，发挥各自的优势，形成一种效率高、成本低的生产组织模式，特别适合单件、小批的定制化生产的生产组织需求，可以成为中小企升级生产能力的重要手段。

人机协作的关键：任务规划混合装配线的性能与执行任务过程中的并行作业、任务调度有关，因此，在一个制造系统中需要集中控制，调度所有其他单元。通过集中调度，从宏观角度，对资源进行更有效率的分配，从而提高系统的整体效率。

关于人与机器人之间的交互类型，有以下四种操作模式（如图 13.1 所示）。

（1）工人和机器人在时间和空间上分离。

（2）工人和机器人同时工作，但在空间上分隔。由于工作的内容相互匹配，因此可以在系统中形成相互供给的关系。

（3）工人和机器人在同一个工作空间内彼此执行各自任务，只是以同步操作的形式工作，互相并不发生互助。

（4）工人和机器人在同一工作区同时工作时以相互合作方式进行操作。

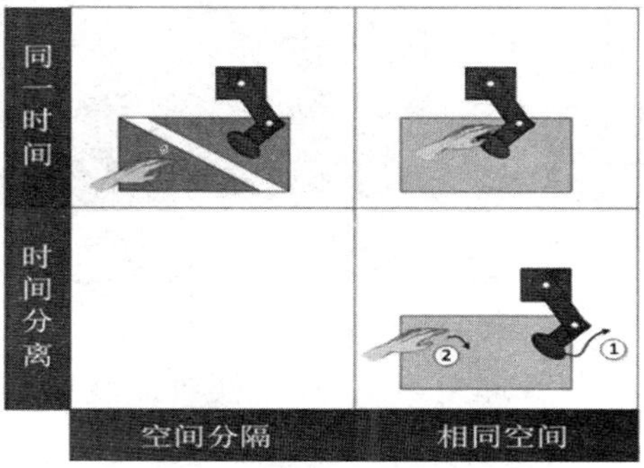

图 13.1　人与机器人的交互类型

本文此外的案例主要是针对第四种操作模式，即工人和机器人在同一工作区同时工作以相互合作方式进行操作。

13.2　工业交换机

本节介绍一种小型工业交换机的装配生产线。该生产线主要以手工生产 5 口和 9 口两种系列的工业交换机产品为主，工厂小规模来料装配加工方式为主，订单式生产，以销定产，完成产品的组装、测试和包装。由于两种产品生产时要分别组织生产，不能同时进行；订单到达时，一般要货都比较急，备料等工作比较烦琐，生产切换比较费时间；在生产过程中人员有限，且拧螺丝工作的任务比较繁重，属于关键路径中的关键节点，于是在此引入协作机器人来重点解决此类问题。

工业交换机也称作工业以太网交换机，即应用于工业控制领域的以太网交换机设备，由于采用网络标准，使用的是统一的 TCP/IP，故其开放性好、应用广泛、价格低廉。

工业交换机具有电信级性能特征，可耐受严苛的工作环境。产品系列丰富，端口配置灵活，可满足各种工业领域的使用需求。产品采用宽温设计，防护等级不低于 IP30，支持标准和私有的环网冗余协议。工业交换机外形如图 13.2 所示。

图 13.2　工业交换机外形

本方案主要针对 5 口百兆非管理型 4G 工业交换机，型号为 SCS1005-T-4g。其使用说明如下：SCS1XXX-T 系列工业交换机是非管理型工业以太网络交换机，支持 IEEE 802.3 和 IEEE 802.3u/x，以及 10/100M 全/半双工、MDI/MDI-X 自动侦测。安防市场要求产品具有较高的稳定性，同时又要求较低的价格，因而本系列交换机产品专门针对安防市场而推出，能在较宽的温度和电压范围内工作，接受 9 ~ 36 V 宽电源输入，在 -25 ~ +75℃ 的温度范围下工作，且其 IP30 金属外壳可在严峻的工业环境中稳定工作。

13.3　工业交换机装配工艺

在传统交换机产品装配中，基本工序有装配准备、装配、调试、检验、包装、入库，这些工序通过流水作业的方式手工完成。主体零件通常为印制电路板、小型钣金件及壳体，通过紧固件由内到外按一定顺序安装。

13.3.1　人机协作工艺分析

工业交换机装配生产线的原始布局如图 13.3 所示，其中 G1 ~ G5 为装配工位，A1、B1、C1 为辅助工位。每个工位只负责一项工序，因此本案例中主要是以这 5 个装配工位为研究对象，在引入协作机器人之后对所有工步进行重新分配。图 13.4 所示为原始人工装配物料。

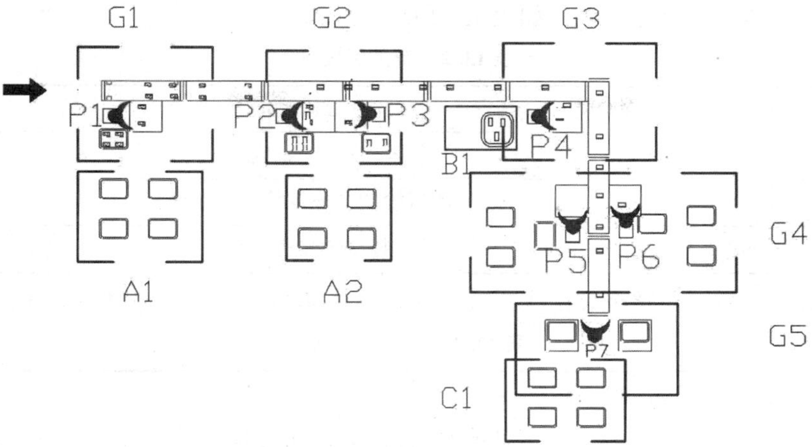

图 13.3　工业交换机装配生产线的原始布局

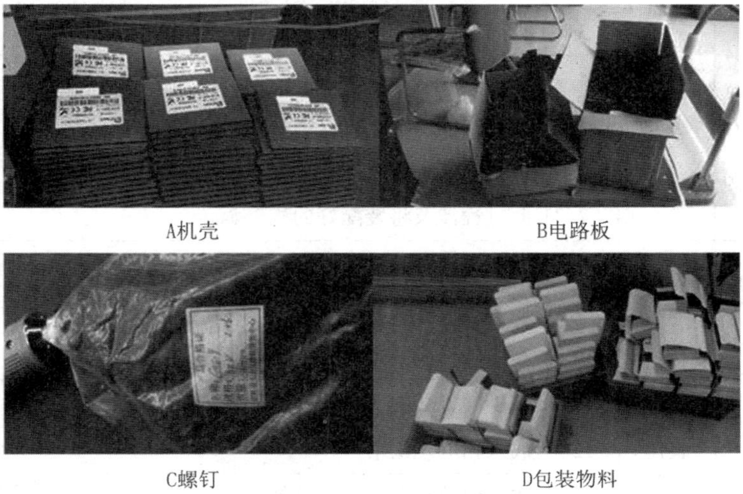

图 13.4　原始人工装配物料

传统装配生产线工艺布局如下。

装配流程：G1（送料）→G2（组装）→G3（检测）→G4（装盒）→G5（装箱）。

整条生产线涉及 7 个工人（P1～P7），工人岗位分工如表 13.1 所示。

表 13.1　工人岗位分工

工人	工作职责
P1	将印制电路板、机壳分类、上料，包括印制电路板的剪边等工作
P2	将印制电路板安装在机壳上，拧螺丝，检查印制电路板位置是否合适
P3	机壳上、下盖安装，拧螺丝，检查印制电路板位置是否合适
P4	半成品工业交换机网口连通性测试
P5	说明书、合格证、保修卡装袋，成品套袋、装盒
P6	说明书、合格证、保修卡装袋，成品套袋、装盒
P7	成品装箱、打包，贴标签

整条生产线涉及 3 个存放区，如表 13.2 所示。

表 13.2　存放区统计

区域名称	存放区功能
A	物料准备区
B	测试检验、外观检测废品区
C	装箱区和成品区

经过调研、分析，对整个装配生产线的工序、工步进行整理，具体如表 13.3 所示。

表 13.3　工位操作统计

装配线	工序号	工序	工步	作业单元
总装线	G1	送料	1	把不同型号印制电路板放在传送带上
			2	把不同型号底壳或上盖放在传送带上
	G2	组装	3	把固定有印制电路板的底壳放入印制电路板工装卡具上
			4	拧紧螺丝，固定印制电路板或机壳
			5	此过程涉及扶正螺丝的动作
			6	将底壳和上盖装配在一起，放到机壳工装卡具上
			7	此过程涉及将装配好的机壳翻转
	G3	检测	8	把产品放在检测工装夹具中
			9	插拔不带卡口的水晶头于网口中
			10	利用软件检测产品合格性
	G4	装盒	11	把不同型号的产品放入相应包装盒
			12	放入相应说明书
			13	扣好包装盒盖放回传送带
	G5	装箱	14	分拣不同型号产品放入对应包装箱

13.3.2　人机协作装配生产线的工艺分析

根据物尽其用，人尽其能的原则，对生产线的操作进行任务分类，以一台设备所需要的装配时间为准，如表 13.4 所示。人擅长精细的感知、精巧的操作和适应不断变化的工况；机器人擅长重复度高，且适应变化小的工况。以 H、L 分制评定，最后得出综合评分。

表 13.4　各个工步工人、工业机器人操作复杂度统计

工步	感知复杂度	操作精巧度	动作重复度	变化度
1	H	H	L	H
2	H	H	L	H
3	H	H	L	H

续表

工步	感知复杂度	操作精巧度	动作重复度	变化度
4	L	L	H	L
5	H	H	L	H
6	H	H	L	H
7	H	H	L	H
8	H	H	L	H
9	L	L	H	L
10	H	H	L	H
11	H	H	L	H
12	H	H	L	H
13	H	H	L	H
14	L	L	H	L

对生产线的操作任务进行用时数据采集和估计，以一台设备所需要的装配时间为准，将所有操作按类别进行计时，各个工步工人、工业机器人操作时间统计如表 13.5 所示。

表 13.5　各个工步工人、工业机器人操作时间统计

工步	工人用时	机器人用时	工步	工人用时	机器人用时
1	30 s	不可操作	8	5 s	6 s
2	30 s	3 s	9	15 s	5 s
3	5 s	不可操作	10	3 s	不可操作
4	15 s	10 s	11	30 s	不可操作
5	1 s	不可操作	12	5 s	不可操作
6	5 s	不可操作	13	5 s	不可操作
7	3 s	不可操作	14	5 s	2 s

综上所述，选择对工人感知复杂度、操作精巧度高且对机器人动作重复度高、环境变化度小的工步，进行人机协作，即选择工序 G2（组装）的 3、4、5、6、7 工步进行人机协作，工序 G3（检测）中的 8、9、10 工步进行人机协作。另外，增加三台协作机器人，减少一名工人 P7。

工人 P1 主要负责工序 G1，工人 P2 和工人 P3 主要负责工序 G2；工人 P4 主要负责工序 G3，工人 P5 和工人 P6 主要负责工序 G4。工人与协作机器人的协同作业主要发生在工序 G2、工序 G3；工人 P2 和工人 P3 与机器人 R1 负责工序 G3，工人 P3 与机器人 R2 负责工序 G3。人机协作的任务分配如表 13.6 所示。

表 13.6　人机协作的任务分配

工序	G1		G2					G3			G4			G5
工步	1	2	3	4	5	6	7	8	9	10	11	12	13	14
工人 P1	1	1	0	0	0	0	0	0	0	0	0	0	0	0
工人 P2	0	0	1	0	1	1	1	0	0	0	0	0	0	0
工人 P3	0	0	1	0	1	1	1	0	0	0	0	0	0	0
工人 P4	0	0	0	0	0	0	0	1	0	1	0	0	0	0
工人 P5	0	0	0	0	0	0	0	0	0	0	1	1	1	0
工人 P6	0	0	0	0	0	0	0	0	0	0	1	1	1	0
机器人 R1	0	0	0	1	0	0	0	0	0	0	0	0	0	0
机器人 R2	0	0	0	0	0	0	0	0	1	0	0	0	0	0
机器人 R3	0	0	0	0	0	0	0	0	0	0	0	0	0	1

根据表 13.6 可知，对装配生产线进行重新布局设计，从而加入工业机器人，完成装配生产线的升级改造，如图 13.5 所示。在图 13.5 中，对工步进行了重新分配，同时装配生产线的布局也发生了改变。

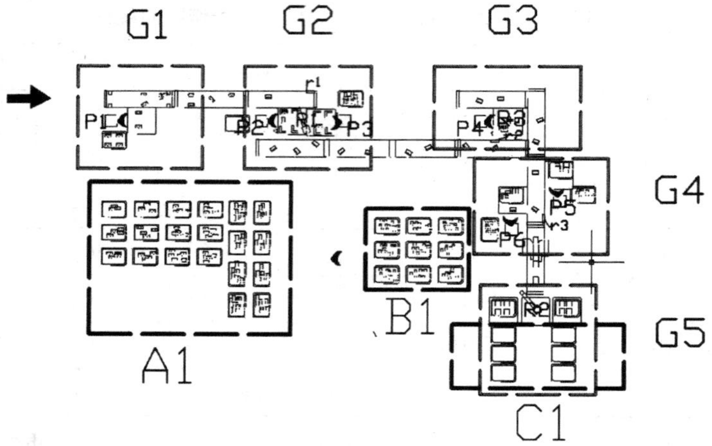

图 13.5　新装配生产线平面布局

13.4　人机协作装配生产线设计与建模

13.4.1　机器人末端工具设计

图 13.6 为 T6 轴末端拧螺丝工具。具体设计方法为：首先，将电动螺丝刀的触发启动方式由手动改为机器人输出信号触发；另外，将电动螺丝刀固定在机器人 T6 轴末端，使用时需要采用三点法建立工具坐标系，建立工具 TCP。

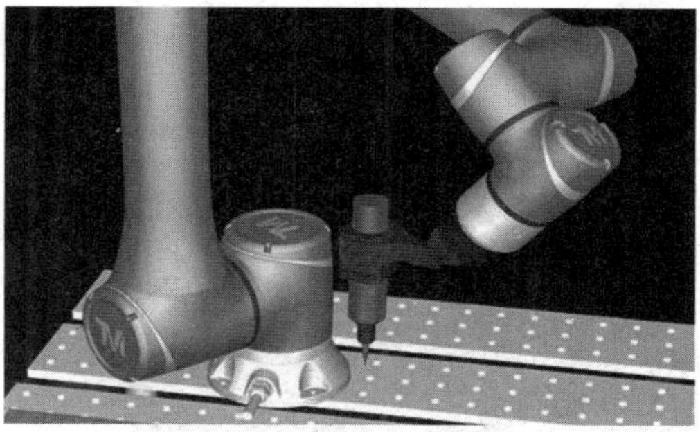

图 13.6　T6 轴末端拧螺丝工具

图 13.7 为 T6 轴末端插拔水晶头插排工具。为了利于插拔，该处做了两点处理：一是网线线束一端将水晶头做成插排形式，另一端通过 U 型口插排连接测试电脑；二是将水晶头背面卡头去除，这样有利于插拔操作。同样的，需要将水晶头插排固定在机器人 T6 轴末端，使用时需要采用三点法建立工具坐标系，建立工具 TCP。

图 13.7　T6 轴末端插拔水晶头插排工具

13.4.2　工作台上工装卡具设计

为了进行人机协作，需要设计工作台工装卡具，该工装卡具位置相对于机器人位置已知，这样机器人可以进行拖动示教编程，执行固定运动轨迹到目标位置。在 G2 工作台上放置 4 个工装夹具，分别固定 5 口、9 口工业交换机的待安装的固定有印制电路板的底壳，还有固定 5 口、9 口工业交换机上底壳、上盖已经合拢在一起的机壳，以方便机器人拧印制电路板的螺丝和机壳的固定螺丝，如图 13.8 所示。

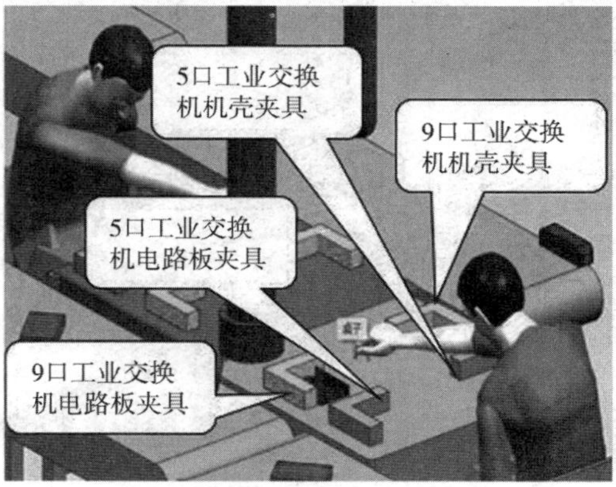

图 13.8　G2 工作台的 4 个工装夹具

为了测试人机协作，在 G3 工位工作台上放置工装夹具，以固定工业交换摄像机壳，方便机器人批量插入水晶头插排的操作，如图 13.9 所示。

图 13.9　G3 工位工作台的工装夹具

13.4.3　协作机器人工步设计

人机协作的具体协作流程：工人 P1 把印制电路板、底壳、上盖放置在传送带上，到达 G2 工位工作台后。工人 P2 和工人 P3 把印制电路板、底壳用印制电路板夹具定位，工人 P2 和工人 P3 手动放置印制电路板固定螺丝，然后触发相应的按钮，机器人 R1 按照一定的路径运动，拧紧印制电路板的固定螺丝。

工人 P2 和工人 P3 将底壳和上盖合拢，然后分别用机壳夹具定位，工人 P2 和工人 P3 手工放置机壳固定螺丝，然后触发相应的按钮，机器人 R1 按照一定的路径运动，拧紧螺丝。然后，工人 P2 和工人 P3 手动翻转工件，放置螺丝，再触发按钮，机器人 R1 按照一定的路径运动，拧紧机壳另一端螺丝，直至装配完成，如图 13.10、图 13.11 和图 13.12 所示。

在 G3 工位工作台上，工人 P4 将组装好的机壳进行测试，用测试夹具定位，触发按钮，机器人 R2 按照一定的路径运动，插拔水晶头插排，工人 P4 操作电脑进行测试，直至测试完成，触发按钮，机器人 R2 按照一定的路径运动，拔掉水晶头插排。工人 P4 将合格品转入下一环节，将不合格品放入 B 区，如图 13.13 所示。

图 13.10　G2 工位工作台的人机协作

图 13.11　G2 工位工作台的拧紧机壳上盖的固定螺丝

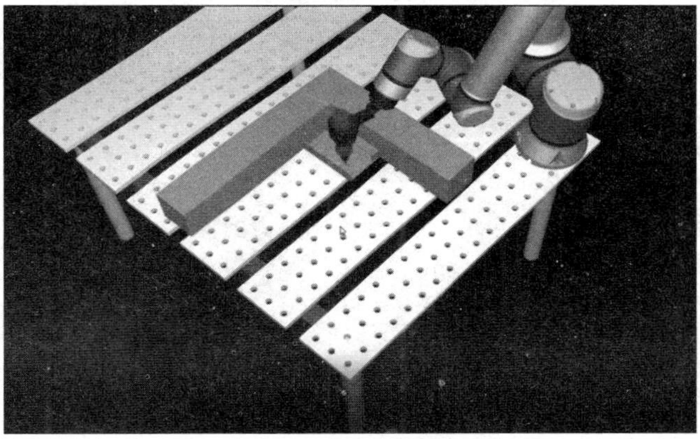

图 13.12　G2 工位工作台的拧紧印制电路板的固定螺丝

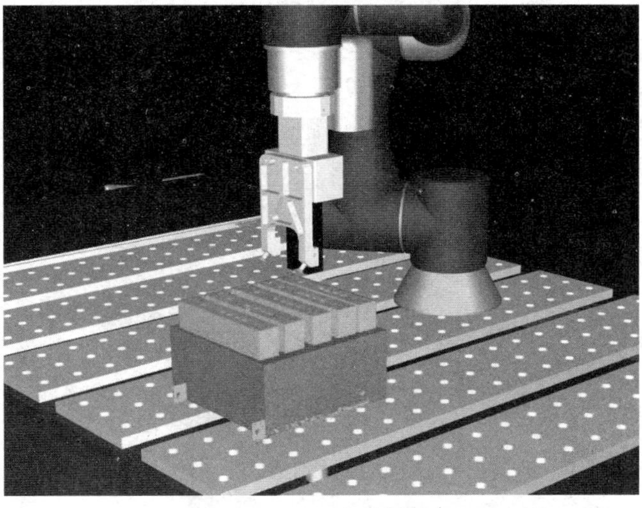

图 13.13　G3 工位工作台的插拔水晶头插排

13.4.4　协作机器人整条装配生产线设计

整条装配生产线采用 UG 建模，模拟运行，本案例的人机协作采用 RoboDK 进行机器人编程和仿真。新装配生产线分别采用 2D、3D 平面布局图，如图 13.14、图 13.15 所示。

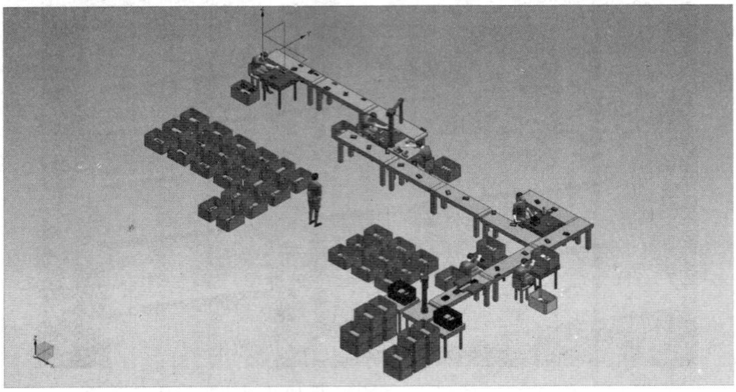

图 13.14　新装配生产线 3D 平面布局

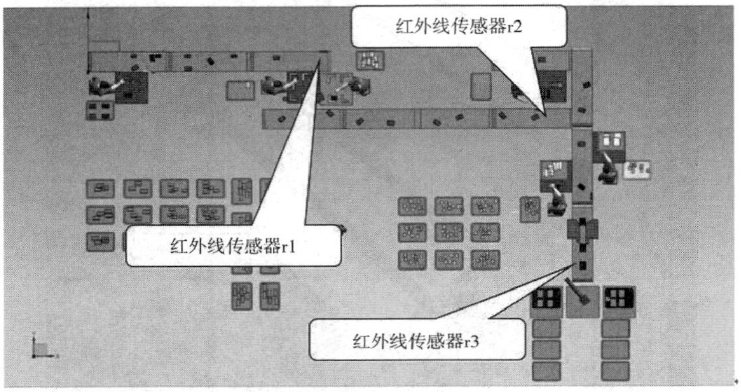

图 13.15　新装配生产线 2D 平面布局

在 G5 工位采用一台协作机器人完成产成品的码垛，使装配完成后的工业交换机离开装配生产线进入包装箱。之所以采用协作机器人是因为产成品质量较轻，装配生产线又比较紧凑，没有单独设置安全防护装置，且生产成品为单件、小批量，柔性大，码垛类型更换频繁，而采用协作机器人则很好地解决了这些问题，如图 13.16 所示。此处选用的达明机器人正好发挥了其内建视觉系统的优势。

图 13.16　G5 工位的码垛

13.4.5　人机协作装配生产线的传送带控制设计

红外线传感器能够利用物体产生红外辐射的特性，实现自动检测；因其在测量时不与被测物体直接接触，因而不存在摩擦，并且具有灵敏度高，响应快等优点。

整条装配生产线共有三条独立传送带，三条传送带的运动和工人、产品之间的协调是需要解决的关键问题。

设计要求是传送带满足工人的生产节拍，既使零部件不堆积，又不让工人等待；采用红外传感器实现末端产品感知发现；设置三个控制位控制传送带的启停。

当不同型号的工业交换机零部件传送至 G2 工位时，经红外线传感器检测，当零部件运行到控制位 r1 时，传送带停止运动，工人 P2 和工人 P3 拾走零部件；此时红外线传感器在控制位 r1 处未发现零部件，则传送带运行，直到下一个零部件到达控制位 r1。其余两处 r2、r3 的工作原理与之相同。

13.4.6　手动工位设计

至此，整条装配生产线也保留了原来的 G1 手动工位和 G4 手动工位，完成上料和包装的工作任务，如图 13.17、图 13.18 所示。

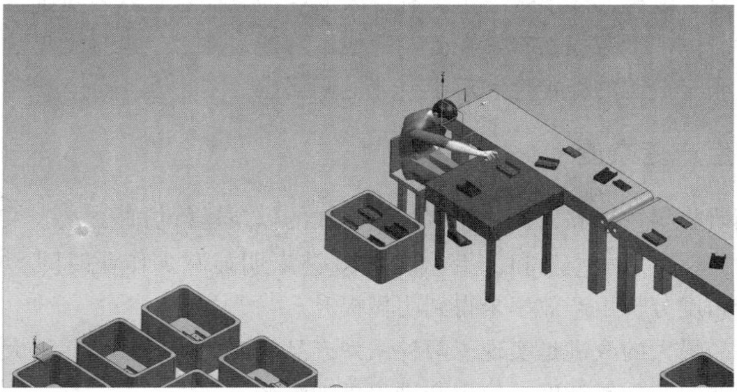

图 13.17　G1 工位的工人 P1

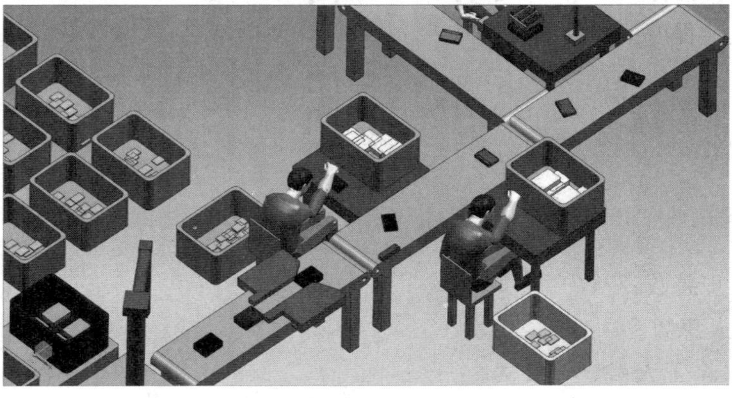

图 13.18　G4 工位的工人 P5、工人 P6

13.5 人机协作装配生产线运行效果分析

比较装配生产线的人机协作方案实施前后的效果，主要从人体工效学和生产复杂度两个方面进行。

13.5.1 人体工效学

人体工效学是以人为中心，研究人、机器设备和作业环境之间的相互关系，探索适应人的生理和心理要求的作业方式，以期创造健康、安全、舒适和高效的作业环境的应用学科。其由多学科交叉形成，研究内容涉及人体测量学、生理学、心理学、生物力学、劳动组织和管理学、工艺设计及布局标准化，以及职业安全与卫生等相关学科。

本案例在改造前主要采用人工方式装配组织生产，如前所述，订单式生产，以销定产，完成产品的组装、测试和包装。订单到达时，一般要货都比较急，由于备料等工作比较烦琐，生产切换比较费时间，另外，在生产过程中，由于固定人员有限，而且装配过程中的拧螺丝工作的任务比较繁重，故经常出现工人不够、工人外聘、加班加点的现象，劳动强度很大。在经人机协作的改造后，其中最为烦琐的、枯燥的工作由机器人来完成，极大减轻了工人的劳动强度，对于改善人体工效学也会有巨大的帮助。而这意味着更加持续的工人劳动时间，并且不会对身体产生劳损伤害。在劳动力成本不断上涨，工人平均年龄不断上升的背景下，这样更加有利于员工的稳定性和对于企业的归属感。

13.5.2 生产复杂度

通过企业调研收集数据和人机协作装配生产线的模拟运行仿真，从表 13.5 中可以看出，人机协作的工步 3、4、5、6、7 和工步 8、9、10 并未明显减少作业时间。标准工时并未明显改变，从这个角度分析生产效率未得到明显提升。

人机协作后，最大的改进是实现了两种系列产品的混合生产，这将极大地减少生产的准备时间，以及生产组织的复杂度，使生产进程更加流畅。

设计一个考核指标 p_i：某工人从事某工步的时间 T_i^j 除以该工人工作的所有时间 T_i，用来反映生产的复杂程度，即

$$p_i = \sum_{j=1}^{m} \frac{T_i^j}{T_i}$$
$$p = \frac{\sum_{i=1}^{n} p_i}{n} \tag{13.1}$$

式中 m—— 工步总数；

n—— 工人总数；

i—— 第 i 个工人；

j—— 第 j 个工步；

p_i—— 第 i 个工人的任务复杂度；

p—— 总工作任务复杂度。

人机协作前总工作任务复杂度，如表 13.7 所示。

表 13.7　人机协作前总工作任务复杂度

第 i 个工人	$i=1$	$i=2$	$i=3$	$i=4$	$i=5$	$i=6$	$i=7$	总计 p
任务复杂度	0.7	0.9	0.9	0.9	0.8	0.7	0.6	0.65

人机协作后总工作任务复杂度，如表 13.8 所示。

表 13.8　人机协作后总工作任务复杂度

第 i 个工人	$i=1$	$i=2$	$i=3$	$i=4$	$i=5$	$i=6$	总计 p
任务复杂度	0.8	0.95	1	1	0.9	0.8	0.9

由表 13.7 和表 13.8 可知，在降低生产任务复杂度的过程中，遵循的是工人灵活补缺的生产均衡度原则，所以人机协作后的生产均衡度势必有所提高。

参考文献

[1] MARTIN C，SAMANS R，LEURENT H，BETTI F. Readiness for the Future of Production Report 2018 [C] //World Economic Forum，Geneva，Switzerland，2018.

[2] 吴朋阳，李晓华. 人工智能+制造产业发展研究报告 [M]. 杭州：浙江出版集团数字传媒有限公司，2018.

[3] 李杰. 工业人工智能 [M]. 上海：上海交通大学出版社，2019.

[4] 李杰. CPS 新一代工业智能 [M]. 上海：上海交通大学出版社，2017.

[5] 中国电子技术标准化研究院. 信息物理系统白皮书 [R]. 北京：中国电子技术标准化研究院，2017.

[6] CORKE P. Robotics，Vision and Control：Fundmental Algorlthms in MATLAB [J]. Springer-Verlag Berlin Heidelberg，2011：17-46.

[7] 奥拓・布劳克曼智. 智能制造・未来工业模式和业态的颠覆与重构 [M]. 北京：机械工业出版社，2015.

[8] SICILIANO B，KHATIB O. Springer Handbook of Robotics [J]. Springer-Verlag Berlin Heidelberg，2007：969-975.

[9] ZHANG Z Y. A flexible new technique for camera calibration [J]. IEEE Transactions on pattern analysis and machine intelligence，2000，22 (11)：1330-1334.

[10] ZENG A，YU K T，SONG S，et al. Multi-view Self-supervised Deep Learning for 6D Pose Estimation in the Amazon Picking Challenge [J]. arXiv preprint，2016：1609-9475.

[11] YU K T，FAZELI N，CHAVAN-DAFLE N，et al. A Summary of Team MIT's Approach to the Amazon Picking Challenge 2015 [J]. arXiv preprint，2016：1604-3639.

[12] 付乐，武睿，赵杰. 协作机器人安全规范：ISO/TS 15066 的演变与启示 [J]. 机器人，2017，39 (4).

[13] ROBLA-GÖMEZ S，BECERRA V M，LLATA J R，et al. Working together：A review on safe human-robot collaboration in industrial environments [J]. IEEE Access，2017，5：26754-26773.

[14] 李杰. 从大数据到智能制造 [M]. 上海：上海交通大学出版社，2016.

[15] 杨高科. 图像处理、分析与机器视觉 [M]. 北京：清华大学大学出版社，2018.

[16] Tsai R Y，Lenz R K. A new technique for fully autonomous and efficient 3D robotics hand/eye calibration [J]. IEEE Transactions on Robotics & Automation，2002，5 (3)：345-358.